Bibliografische Information der Deutschen Nationalbibliothek:

Die Deutsche Bibliothek verzeichnet diese Publikation in der Deutschen Nationalbibliografie; detaillierte bibliografische Daten sind im Internet über http://dnb.d-nb.de/ abrufbar.

Impressum:

Druck und Bindung: Books on Demand GmbH, Norderstedt Germany
ISBN: 978-3-668-04643-6

Dieses Buch bei GRIN:

http://www.grin.com/de/e-book/301716/globale-umweltveraenderungen-die-natuerlichen-gegebenheiten-auf-der-erde

Martin Eder

Globale Umweltveränderungen. Die natürlichen Gegebenheiten auf der Erde

GRIN Verlag

VL

- Globale Umweltveränderungen II - Die natürlichen Gegebenheiten auf der Erde
- Literatur:
  - Strahler/Strahler: Physische Geographie
  - Lauer/Bendix: Klimatologie
- Prof. Dr. Dieter Anhuf
- Sommersemester 2009

Inhalt

- Strahlungs- und Wärmehaushalt
- Wasserhaushalt
- Planeraische Zirkulation
- Meere und Meereszirkulation
- Biosphäre und Ökosysteme

Inhaltsverzeichnis

I. Die Atmosphäre der Erde

Atmosphäre

- durch die Schwerkraft fixierte, an der Rotation teilnehmende Lufthülle der Erde

1 Entstehung und Entwicklung der Atmosphäre

- Erde entsteht durch Zusammenprall und Zusammenballen verschieden großer Materiestücke
  ⇨ groß genug, um Gashülle an sich zu binden
- Gashülle ging mehrmals verloren und bildete sich neu
- Entwicklung von Pflanzen ⇨ Photosynthese ⇨ Anstieg des viel O_2-Gehalts der Atmosphäre
- Ozonbildung

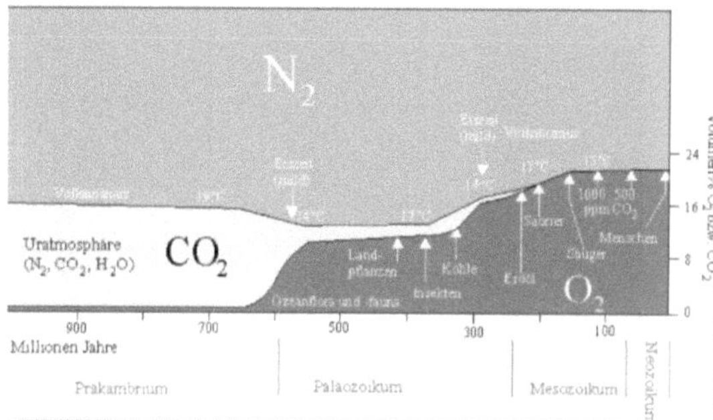

Quelle: http://www.allmystery.de/dateien/gw58586,1260308702,erdalter01.gif

⇨ Pflanzen können Wasser verlassen, denn Ozon schützt sie vor zu viel UV-Strahlung

2 Zusammensetzung der Atmosphäre

Stickstoff (N_2): 78%

Sauerstoff (O_2): 21%

Argon (Ar): 0,93%

Kohlenstoffdioxid (CO_2): 0,0033%

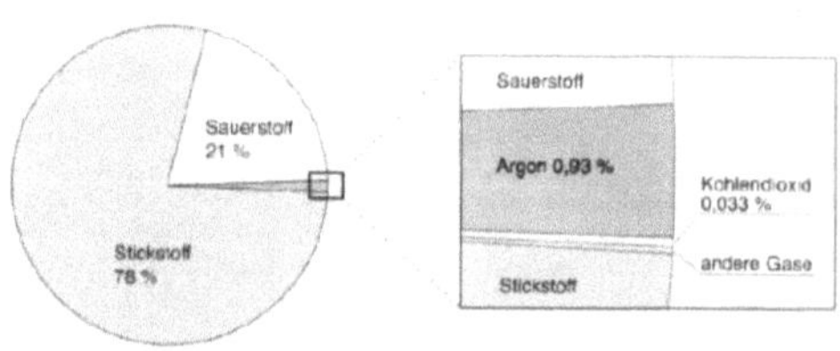

andere Gase:
Neon (Ne), Helium (He), stratosphärisches Ozon (O_3), Wasserstoff (H), Krypton (Kr), Xenon (X), Methan (CH_4)

- *Wasserdampf* (H_2O) in sehr variablen Anteilen
- *Aerosole* (z.B. Staub, Rauch, Aschen, Seesalze, Mikroorganismen)
- *Spurengase* als nicht permanente Bestandteile (klimatische Bedeutung!):
  Schwefeldioxid (SO_2), Stickoxide, Fluorkohlenwasserstoffe (FCKW), Dickstickstoffoxid (N_2O), gasförmige Reaktionsprodukte (z.B. Bodennahes Ozon)
  ⇨ auf 1 Million Luftteilchen trifft 1 Teilchen Spurengas

Die wichtigsten Gase für die atmosphärische **Gegenstrahlung** (⇨ Kap. III, 5) sind **H_2O, CO_2, N_2O** und **CH_4**.

2.1 Der Aufbau der Atmosphäre

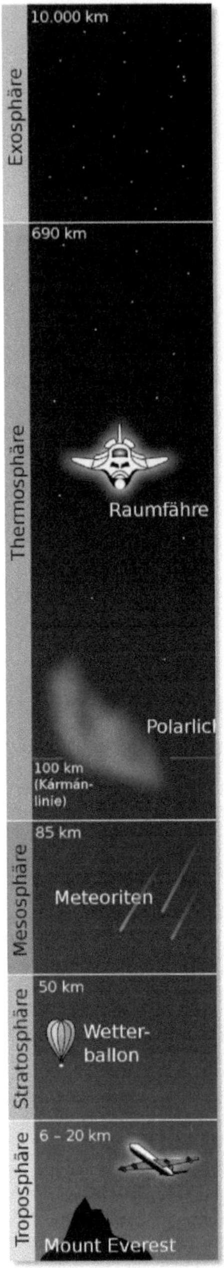

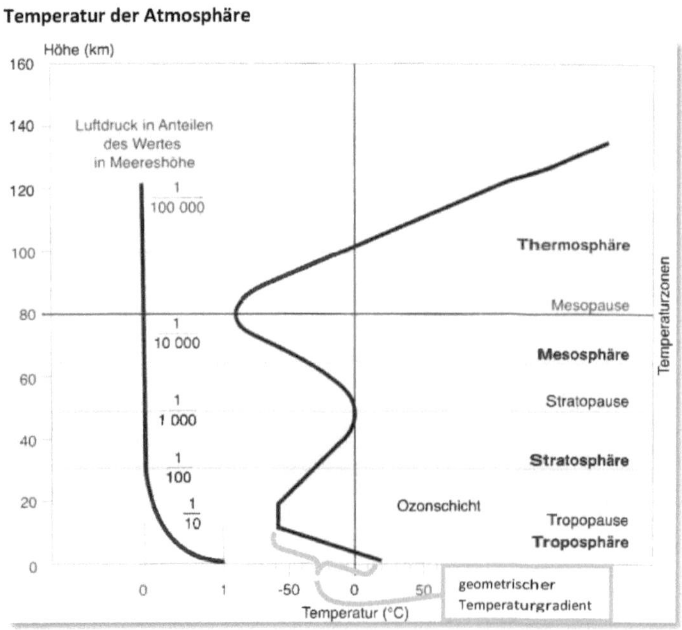

2.1.1 Troposphäre

- **Temperaturabnahme** mit zunehmender Höhe um **durchschnittlich 6,4°C pro 1.000 km** (= **geometrischer Temperaturgradient**)
- Tropopause als Grenze: 6-8 km Höhe bei Polen, 16-18 km am Äquator
- enthält ¾ der Luftmassen und ges. atmosphärischen **Wasserdampf**
- Wetterschicht ⇨ Wetter- und Klimageschehen in der Troposphäre
- Zusammensetzung: Stickstoff, Sauerstoff, Argon, CO_2 und Spurengase (v.a. Methan und Lachgas)

2.1.2 Stratosphäre

- **Temperaturzunahme** mit zunehmender Höhe bis ca. 50 km (0° C) Grund: Ozonschicht ⇨ Absorption von Strahlung ⇨ Wärme wird frei
- Luftdruckabnahme mit zunehmender Höhe
- Stratopause als Grenze in ca. 50 km Höhe
- im Vergleich zur Troposphäre trockene und wolkenlose Schicht

2.1.3 Ozonschicht

- im oberen Drittel der Stratosphäre, zwischen 40 und 50 km Höhe
- absorbiert den schädlichen Anteil der UV-Strahlung zwischen 0,29 und 0,32 μm

⇗ Kap. III, 4

Quelle: https://upload.wikimedia.org/wikipedia/commons/thumb/e/e6/Atmosphere_layers-de-3.svg/110px-Atmosphere_layers-de-3.svg.png

II. Die Erde als Planet im Sonnensystem – Jahreszeiten und Tageszeiten

Das solare Klima der Erde wird geprägt durch zwei Zyklen:
① **Tag- und Nachtzyklus ⇦ Erdrotation**
② **Zyklus der Jahreszeiten ⇦ Erdrevolution**

1 Die Erdrotation

Rotation

- Drehbewegung der Erde um ihre eigene Achse von West nach Ost
- **Sonnentag**: vollständige Rotation der Erde bezogen auf die Sonne (23 h, 56 min, 4 s)
- **Pole**: Punkte, an denen die Rotationsachse die Erdoberfläche schneiden

Richtung der Rotation

Die Richtung der Erdrotation kann man sich denken als

a) gegen den Uhrzeigersinn am Nordpol
b) von links nach rechts (ostwärts) am Äquator

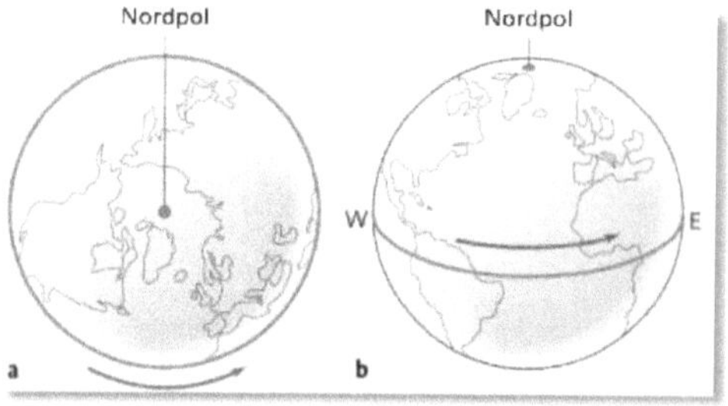

Effekte der Erdrotation auf die Umwelt:

- **diurnaler** (täglicher) **Rhythmus** von Tageslicht, Lufttemperatur, Luftfeuchtigkeit und Luftbewegung
- **Ablenkung** von strömender Luft und fließendem Wasser ⇨ **Corioliskraft**
  (auf der Nordhemisphäre nach rechts, auf der Südhemisphäre nach links)
- **Gezeiten**zyklus in Abhängigkeit der Massenanziehung des Mondes

2 Erdrevolution (Umlauf der Erde um die Sonne)

Revolution

- Umlauf der Erde um die Sonne
- **Dauer**: 365,242 Tage

Elliptische Umlaufbahn:

- **Perihel** (geringste Entfernung der Erde zur Sonne): 3. Januar
- **Aphel** (weiteste Entfernung der Erde zur Sonne): 4. Juli

2.1 Neigung der Erdachse

Ekliptik

- Ebene, die durch den Mittelpunkt der Erde geht und auf der die Erde um die Sonne wandert

⇨ Die Rotationsachse der Erde ist um **23,5°** von der Lotrechten auf die Ebene der **Ekliptik geneigt**

⇨ Neigung führt zu einer unterschiedlichen Bestrahlung der Erdoberfläche im Jahresverlauf

⇨ verursacht die **Jahreszeiten** auf der Erde

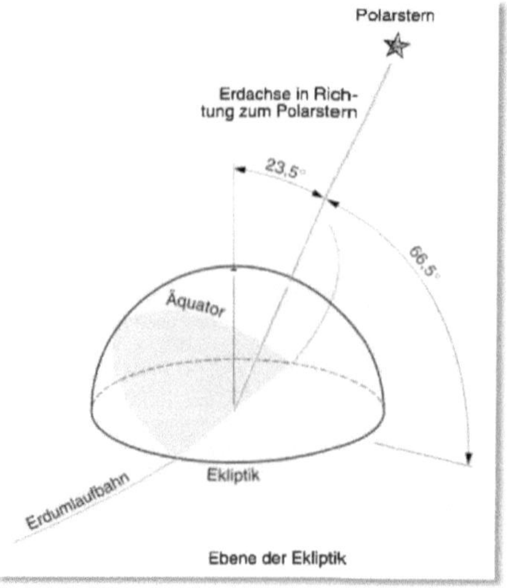

2.2 *Solstitien und Äquinoktien*

Solstitien (= Sonnenwenden):

- Wintersolstitium (= Dezembersolstitium): Nordpol am weitesten von der Sonne weg geneigt
  ⇨ Sonnenstrahlen treffen senkrecht (90°) auf den **südlichen Wendekreis** (23,5° s. Br.)
- Sommersolstitium (= Junisolstitium): Nordpol am weitesten zur Sonne hin geneigt
  ⇨ Sonnenstrahlen treffen senkrecht (90°) auf den **nördlichen Wendekries** (23,5° n.Br.)

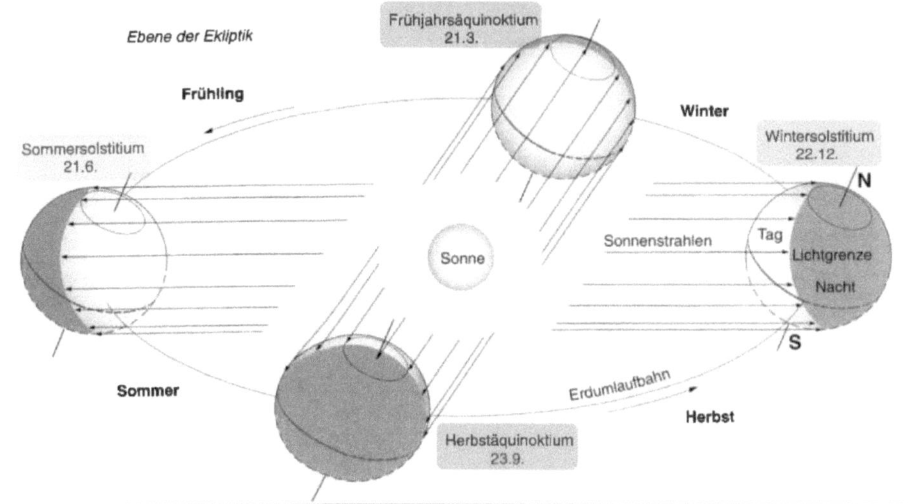

dazwischen: **Äquinoktien** (= Tagundnachtgleichen): Erdachse weder zur Sonne hin oder weg geneigt

⇨ Sonnenstrahlen treffen senkrecht (90°) auf den **Äquator**

- Frühjahrsäquinoktium
- Herbstäquinoktium

2.3 *Deklination*

Deklination

- Breitenlage des subpolaren Punktes (= Sonne im Zenit)
- variiert im Jahrsverlauf zwischen 23,5° S und 23,5° N

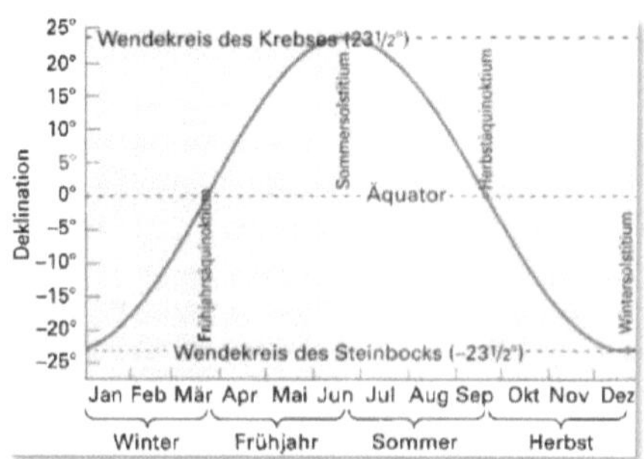

Erdrotation, **Erdrevolution** und **Ekliptikschiefe** bewirken eine **unterschiedliche Beleuchtung** des Erdkörpers, die sich in **Strahlungsdauer** und **Strahlungsintensität** im **tageszeitlichen** und **jahreszeitlichen** Ablauf ausdrückt.

Tropenzone

- zwischen den Wendekreisen (23,5°)
- zweimaliger Sonnensenkrechtstand
- Variation der Tageslänge < 3 Std.
- Tageszeitenklima

Mittelbreiten

- jeweils zwischen Wendekreis und Polarkreis
- Unterteilung nach Louis (1958) in
  - Subtropen (23,5 - 45°): thermische Sommer, thermische Winter
  - Mittelbreiten (45 - 66,5°): echter Hochwinter, echter Hochsommer

Polarzone

- jeweils zwischen Polarkreis (66,5°) und Pol
- halbjähriger Wechsel von Polartag und Polarnacht

Die Erde erhält nahezu ihre gesamte Energie durch die Sonne in Form der **Solarstrahlung**.

3 Solarstrahlung und Solarkonstante

Solarstrahlung

- elektromagnetische **Strahlung der Sonne**, die nach dem PLANCKSCHEN Strahlungsgesetz etwa der Strahlung eines 6.000 K heißen, schwarzen Körpers entspricht
- $5 \cdot 10^{10}$ kWh pro Sekunde, annährend **konstant** (Variation um ± 0,1%)

- Zusammensetzung der Sonne: v.a. Wasserstoff (knapp 91%) und Helium (9%)
- Energiequelle: **Kernfusionsvorgänge** der Sonne (Umwandlung von Wasserstoff in Helium unter hohem Druck und hoher Temperatur) ⇨ Wärme⇨ Ausstrahlung (UV, sichtbares Licht, Infrarot)
- Ausbreitung: radiale Ausbreitung mit ca. 300.000km/s (Lichtgeschwindigkeit)
  ⇨ Planeten, die weiter von der Sonne entfernt sind, erhalten weniger Solarstrahlung

Solarkonstante

- **extraterrestrische Strahlung**, gemessen an der Obergrenze der Erdatmosphäre
- durchschnittliche Rate des Energieinputs: ca. **1368 Watt/m²** pro Sekunde

⇨ höchste Durchschnittswerte im Perihel, niedrigste im Aphel

Die **Solarkonstante** zur Erde ist weitgehend **konstant**, aber die **eintreffende Sonnenstrahlungsenergie** an einem spezifischen Punkt auf der oberen Erdatmosphäre **variiert** von Ort zu Ort und von Zeit zu Zeit.

LAMBERTSCHES Cosinusgesetz

- Strahlungsintensität der Sonne in Abhängigkeit vom Einfallswinkel
  ⇨ höchste Strahlungsintensität bei Einfallswinkel von 90° (s.u.)

⇨ **eintreffende Sonnenstrahlungsenergie** ist **abhängig** von

- **Winkel der Sonnenstrahlung** über dem Horizont:
  Die Energie der senkrecht einfallenden Strahlen (A) trifft auf die Fläche im Quadrat ac. Bei schräg einfallenden Strahlen verteilt sich die gleich große Energiemenge (B) auf eine deutlich größere Fläche.
- **Dauer der Bestrahlung**
  Bsp.: Pole höchste Insolationsrate wegen Polartag (24-stündige Beleuchtung)

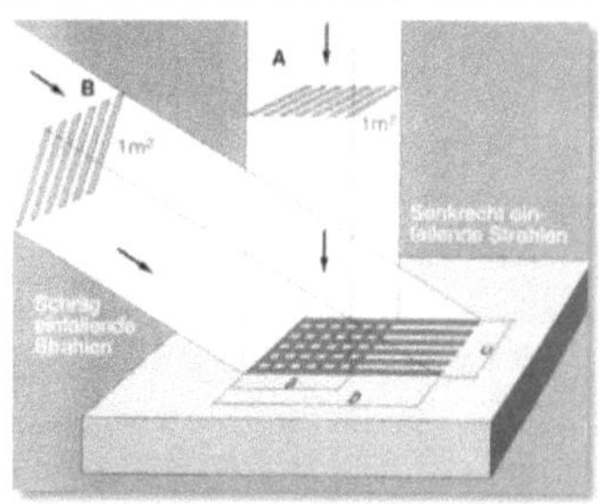

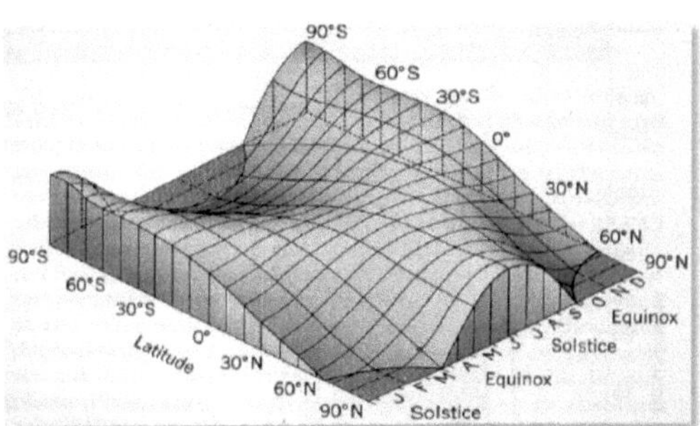

⇨ **Breitenkreislage** und **Jahreszeit** bestimmen die Sonnenstrahlungsenergie an der Atmosphärenobergrenze

III. Energieumsatz und Strahlungshaushalt

1 Energieformen im Klimasystem

1. Hauptsatz der Thermodynamik

- Energie kann weder erzeugt noch vernichtet werden.

2. Hauptsatz der Thermodynamik

- Innerhalb des Klimasystems ist eine energetisch verlustfreie Umwandlung der Sonnenenergie in andere Energieformen möglich.

Maßgebliche Energieformen im Klimasystem und ihre Umwandlung:

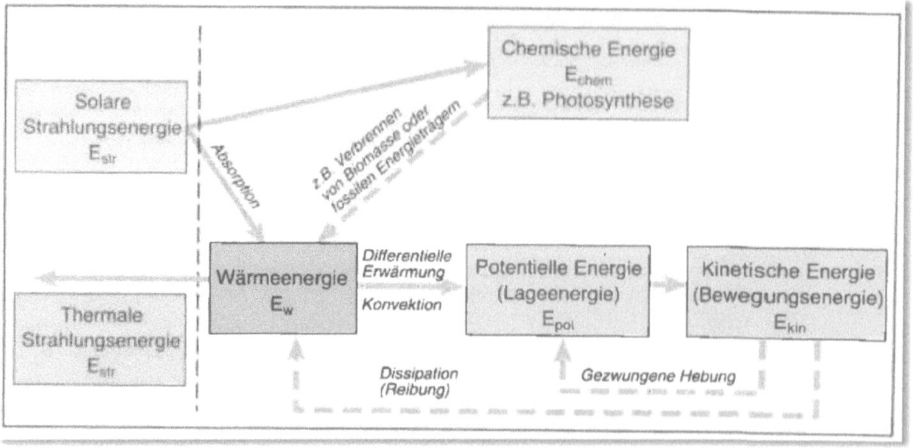

Solarer Strahlungsenergie

- elektromagnetische kurzwellige Strahlung der Sonne (↗ Kap. III, 3)
- entsteht durch Kernfusionsvorgänge im Inneren der Sonne

Wärmeenergie

- wird erzeugt durch **Absorption** von Sonnenenergie (↗ Kap. III, 2)
- Folge: Erhöhung der Brownschen Molekularbewegung & Erwärmung

Potentielle Energie

- Hebung entgegen der Schwerkraft (↗ Kap. III, 2)
- Bsp.: Aufsteigen warmer Luftpakete durch differentielle Erwärmung und Konvektion

Thermaler Strahlungsenergie

- elektromagnetische kurzwellige Strahlung der Erde (↗ Kap. III, 3)
- wird von der Erde aufgrund ihrer Wärme emittiert

Chemische Energie

- Teil der absorbierten Energie wird direkt in chem. Bindungen festgelegt
- Bsp.: Biomasseaufbau durch **Photosynthese**

Kinetische Energie

- Energie gespeichert in Bewegung (↗ Kap. III, 2)
- Bsp.: lokale Luftbewegungen (Wind), globale Zirkulation

2 Energietransport

Wärmeenergie ist im Klimasystem **ungleich verteilt**:

- vertikal, z.B. Abnahme der Wärme in der Troposphäre mit zunehmender Höhe (solare Strahlungs- und Wärmeenergie erwärmen v.a. die Erdoberfläche)
- horizontal, z.B. Wärmegradient zwischen Tropen, Mittelbreiten und Polargebieten (aufgrund der unterschiedlichen Beleuchtungsjahres- und -tageszeiten, ⇗ Kap. II)

Das Klimasystem ist bestrebt, diese Differenzen **auszugleichen** durch **Energietransport** vom hohen zum niedrigen (Wärme)-Potential.

⇨ drei Mechanismen der Energieübertragung:

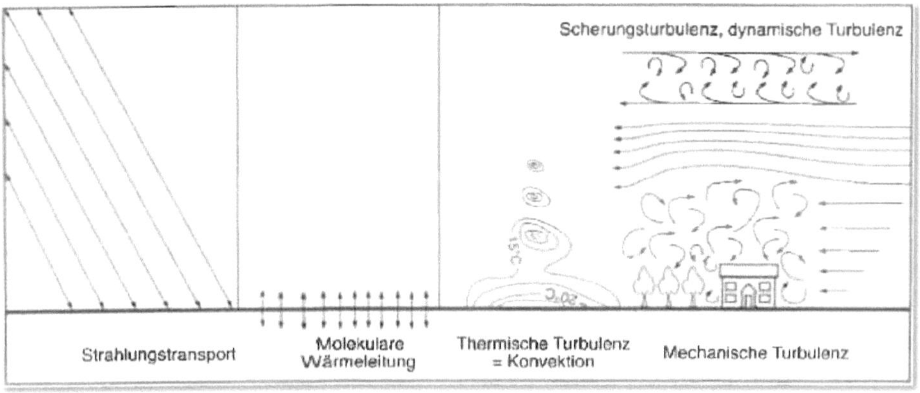

2.1 Strahlungstransport

- Energieübertragung auf der Basis von elektromagnetischen Wellen ohne Materie
- Solarstrahlung ⇨ Erwärmung der Erdoberfläche und in geringerem Maße auch der Atmosphäre durch den Prozess der **Absorption** ⇨ Erhöhung der **Wärmeenergie** v.a. an Erdoberfläche
- Emission von Wärmestrahlung an der Erdoberfläche ⇨ **Absorption** durch atmosphärische Gase (effektive Absorber sind v.a. Gase mit mehr als zwei Atomen, z.B. CO_2, gasförmiges H_2O)
  ⇨ Erhöhung der **Wärmeenergie** v.a. der atmosphärischen Gase

2.2 Molekulare Wärmeleitung

- findet v.a. Übergangszone zwischen Erdoberfläche und Atmosphäre statt (= laminare Unterschicht)
- Voraussetzungen:
  - Vorhandensein von Materie (im Ggs. zum Strahlungstransport)
  - Temperaturgradient (z.B. zwischen Boden und Luft)
- Wärme wird in Form von molekular-kinetischer Energie durch Stöße von einem Molekül auf einen Stoßpartner übertragen:
  schneller bewegte Moleküle treffen auf langsamere, die beim Stoß beschleunigt werden
- Wärmeleitfähigkeit (abh. von der Dichte) von Bedeutung:
  Luft sehr schlecht ⇨ Wasser guter Wärmeleiter ⇨ nasse Böden & Gestein sehr gute Wärmeleiter

2.3 Turbulente Wärmeleitung

⇨ Turbulenzen (bewegte Luft) als Motor der turbulenten Wärmeleitung

2.3.1 Mechanische Turbulenz

- Auftreffen strömender Luft auf Hindernisse (z.B. Haus, Baum, Gebirge) ⇨ Verwirbelungen
- Austausch der durch molekulare Wärmeleitung erwärmten Luftpakete aus der laminaren Grundschicht mit kälterer Luft aus höheren Schichten
- Abnahme der mechanischen Turbulenz mit zunehmender Höhe ⇨ bis zur Pelopause wirksam

2.3.2 Dynamische Turbulenz (Scherungsturbulenz)

- Windscherungen (Abweichung von Windrichtung und/oder Windgeschwindigkeit in übereinander liegenden Höhenschichten)
- Vermischung von Luft oberhalb der Pelopause

2.3.3 Thermische Turbulenz (Konvektion)

- Aufstieg von räumlich differentiell erwärmten Luftpakten (**Konvektion**sblasen) aufgrund der geringeren Dichte gegenüber der kälteren, dichteren Umgebungsluft
- Wärmeaustausch mit höheren Luftschichten: **Strom fühlbarer Wärme**
- auch Gase (z.B. Wasserdampf) können turbulent ausgetauscht werden
  ⇨ v.a. bedeutsam bei Änderung des Aggregatzustands (Verdunstung): **Strom latenter Wärme**

FÜHLBARE WÄRME

- Menge an Wärme eines Objektes, die mit dem Thermometer messbar ist
- Beförderung durch **Konvektion**

Strom fühlbarer Wärme ist gut geeignet, um überschüssige Energie abzuschöpfen.
aber: Energie kann während Bedarfsphasen (z.B. Nacht) nicht zurückgegeben werden!

LATENTE ENERGIE

- Form der Energie, die gespeichert wird und nicht mit dem Thermometer messbar ist
- bei Wechsel des Aggregatzustands (i.d.R. von flüssig zu gasförmig, also durch **Verdunstung**):
  ⇨ Energie muss aufgebracht werden (Abkühlung, z.B. Verdunstungskälte) und wird gespeichert
- latente Wärme kann wieder in fühlbare Wärme zurückgeführt werden (i.d.R. durch **Kondensation**)

Durch latente Wärme können große Mengen an Energie in Form von Wasserdampf global transferiert werden!

- **Tag**: latenter Wärmestrom nach oben (Verdunstung & Abkühlung der Luft)
- **Nacht**: latenter Wärmestrom nach unten (Kondensation, z.B. Taubildung & Erwärmung der Luft)

⇨ im Mittel verdunstet mehr als kondensiert ⇨ Strom latenter Wärme in Richtung Atmosphäre (beträgt fast 25% der Solarkonstante)

⇨ maximale Flüsse am Äquator und im Bereich des subtropischen Hochdruckgürtels

3 Strahlungsenergie

Elektromagnetische Strahlung

- Energieform, die von allen Objekten emittiert wird (z.B. als Licht, Wärme)
- physikalischer Vorgang, bei der **Energie** ohne materiellen Träger durch **elektromagnische Wellen transportiert** wird

⇨ an der Ausstrahlung sind **sämtliche Wellenlängen** des **elektromagnetischen Spektrums** beteiligt:

Wellenlänge

= Distanz zwischen zwei Wellenscheitelpunkten:

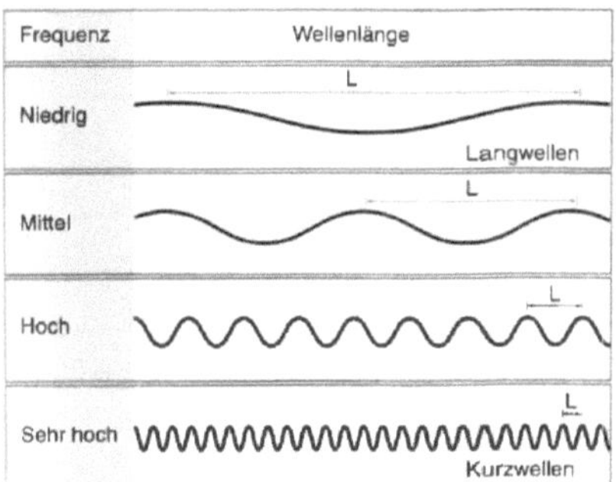

*2.1 **Wellenlängen elektromagnetischer Strahlung** Elektromagnetische Strahlung kann als Sammlung von Energiewellen mit verschiedenen Wellenlängen angesehen werden. Die Wellenlänge L ist der Abstand zwischen zwei aufeinanderfolgenden Wellenkämmen.*

Elektromagnetisches Spektrum

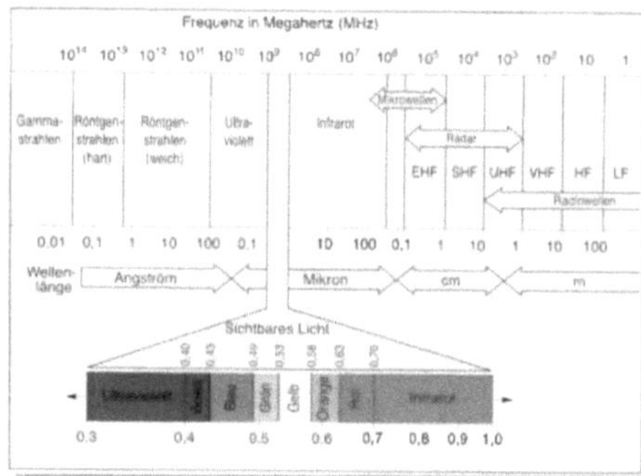

sichtbares Licht

= violett bis rot im Wellenlängenbereich von 0,4 - 0,7 μm
(1 μm = 10^{-6} m; ein Millionstel Meter)

⇨ je höher der Anteil **kurzer** Wellenlängen, desto **energiereicher** die Strahlung

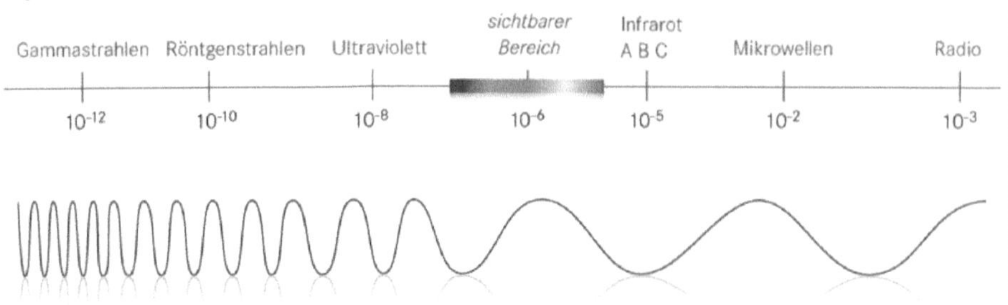

Quelle: http://www.physiotherm-therme-erding.de/typo3temp/pics/PhyBuchSeite17-23_d42c9ec969.jpg

kurzwellige Strahlung

- elektromagnetische Strahlung mit Wellenlängen zwischen 0,3 und 3 µm
- wird v.a. von heißen Objekten emittiert
- Bsp.: Solarstrahlung (⇗ Kap. II, 3)

langwellige Strahlung

- elektromagnetische Strahlung mit Wellenlängen zwischen 3 und 30 µm
- wird v.a. von kälteren Objekten abgestrahlt
- Bsp.: terrestrische Wärmestrahlung

⇨ ausgestrahlte **Gesamtenergie** ist abhängig von der **Temperatur** des Objekts

⇨ Objekte mit 0° K (absoluter Temperaturnullpunkt) würden nicht abstrahlen, gibt es aber nicht

Wellenlängen der solaren Einstrahlung und der Ausstrahlung der Erde

kurzwellige Ausstrahlung der **Sonne**
langwellige Ausstrahlung der **Erde**

Die **Intensität der Solarstrahlung** ist im Bereich des **sichtbaren Lichts** am größten. In diesem Bereich des Spektrums erreicht der größte Teil der Solarstrahlung die Erdatmosphäre und somit die Erdoberfläche.

Elektromagnetische Strahlung der Sonne (links)

- Oberflächentemperatur 6.000 K
- Wellenlänge: von UV bis Infrarot
- Ausstrahlungsmaximum im Bereich des sichtbaren Lichts (0,7 – 2 μm)
- Sauerstoff und Ozon absorbieren fast die komplette UV-Strahlung

Elektromagnetische Strahlung der Erde (rechts)

- Oberflächentemperatur: knapp 300 K
- Wellenlänge: Infrarot
- Ausstrahlungsmaximum bei 10 μm

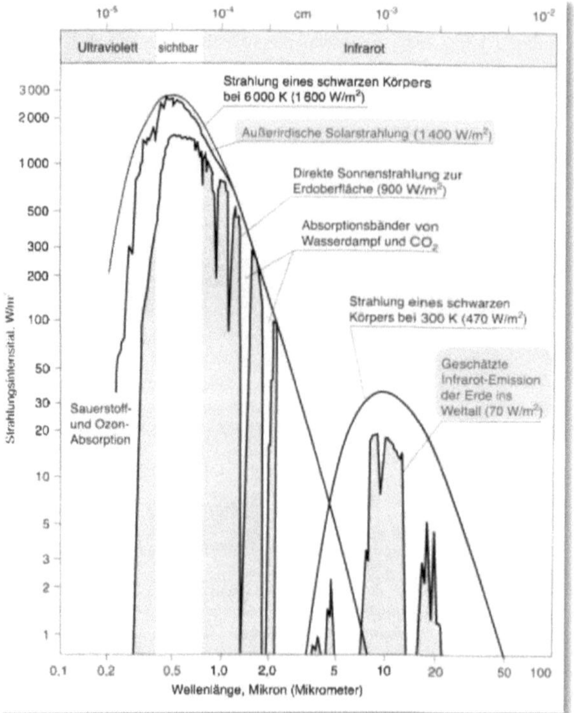

⇨ Die Ausstrahlung der Erde erfolgt nicht wie bei einem schwarzen Körper gleichmäßig über die infraroten Wellenlängenbereichen, sondern in sog. **atmosphärischen Fenstern** (☞ Kap. III, 4)

Atmosphärische Fenster

- Wellenlängenbereiche, durch die langwellige Strahlung die Erde und ihre Atmosphäre in den Weltraum verlässt
- drei Bereiche: 4 - 6 µm, 8 - 14 µm, 17 - 21 µm (vgl. obere Abbildung)

4 Wechselwirkungen von Strahlung und Materie

Solarstrahlung wird beim Auftreffen auf feste, flüssige und gasförmige Materie unterschiedlich beeinflusst:

Transmission

- Vorgang, bei dem Strahlung ungehindert durchgelassen (= transmittiert) wird

Reflexion

- Vorgang, bei dem **feste und flüssige Oberflächen** die **Energie** der Strahlung in eine andere **Richtung umverteilen**

⇨ Umverteilung der Richtung, aber Energiesumme und Wellenlänge der Strahlung bleiben erhalten!

- Lichtstrahl trifft bei idealen Bedingungen (glatte Oberfläche, z.B. Spiegel) unter einem bestimmten Winkel α auf und wird unter dem selben Winkel β wieder zurückgeworfen
- Richtungsänderung nur in den oberen Halbraum der Erde (⇧) möglich, d.h. ins All

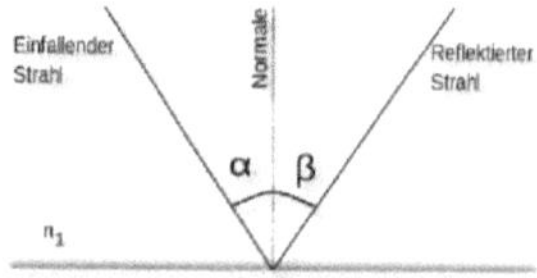

Streuung

- Vorgang, bei dem **gasförmige** Materie die **Energie** der Strahlung in eine andere **Richtung umverteilt**

⇨ Umverteilung der Richtung, aber Energiesumme und Wellenlänge der Strahlung bleiben erhalten!

- Streuung an feinverteilten Stoffen, z.B. atmosphärische Gase, Aerosoleteilchen
- Ablenkung der Strahlung ist beide Halbräume möglich (⇧⇩), d.h. auch zur Erde hin möglich

Absorption

- Vorgang, bei dem die Strahlung zur **Erhöhung der Brownschen Molekularbewegung** des absorbierenden Mediums und somit zur **Erwärmung** genutzt wird

⇨ Erwärmung von Materie führt zur Erhöhung der **Emission**, d.h. der Wärmeabstrahlung von Materie

- thermale Emission von der Erdoberfläche ist in den oberen Halbraum gerichtet (⇧)
- thermale Emission von der Atmosphäre ist in beide Halbräume gerichtet (⇧⇩)

Solarstrahlung (100%) wird in Abhängigkeit von der **Wellenlänge** zu unterschiedlichen Anteilen **transmittiert**, **absorbiert** und **reflektiert** (inkl. Streuung)
(= **selektive** Reflexion, Absorption und Transmission)

Bildquelle Reflexion: https://upload.wikimedia.org/wikipedia/commons/thumb/2/2e/Reflexion.svg/300px-Reflexion.svg.png

4.1 Wechselwirkung von Strahlung und Erdoberfläche

Beispiel der selektiven Reflexion, Absorption und Transmission für ein grünes Blatt

- hohe **Absorption** im Bereich des sichtbaren Lichts
  ⇨ für Photosynthese
  ⇨ ca. 30% der Strahlung
- etwas erhöhte **Reflexion** im grünen Bereich (0,53 μm)
  ⇨ Blatt erscheint grün
- erhöhte **Transmission** und **Reflexion** nahe dem IR-Bereich
- ab ca. 2 μm:**Absorption** des Hauptteils der Strahlung

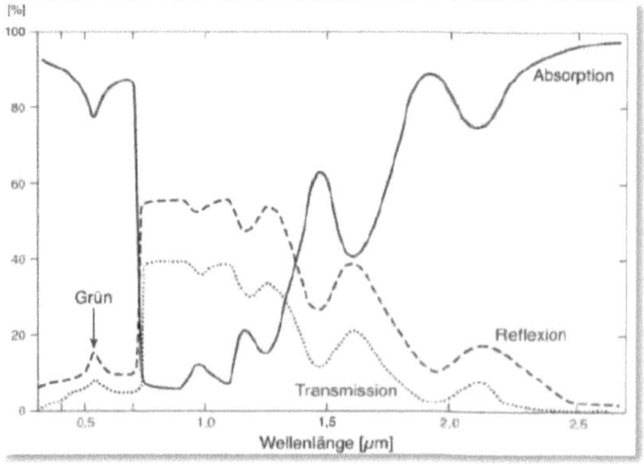

4.1.1 Streumechanismen der Erdoberfläche

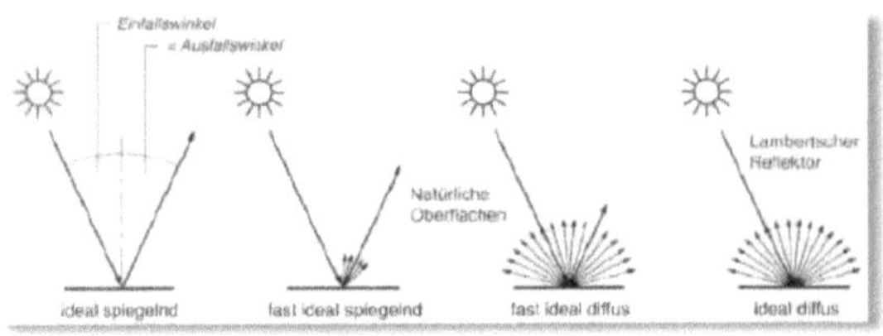

⇨ natürliche Oberflächen streuen meist **diffus**
Ausnahme: glatte Wasseroberfläche bei niedrigem Sonneneinfallswinkel annähernd spiegelnd

4.1.2 Albedo

Albedo

- Reflexions- oder Rückstrahlungsvermögen von Oberflächen
- Verhältnis zwischen eingehender und reflektierter Strahlung

⇨ wesentliche **Steuerungsgröße** für die **Oberflächentemperatur**:
entscheidet über Betrag der solaren Energie, der zur Absorption & Erwärmung genutzt werden kann
⇨ **Planetare Albedo** (Ø der ges. Erdoberfläche und Atmosphäre): **0,3** (reflektiert 30%)

- helle Oberfläche ⇨ hohe Albedo
  Bsp.: Neuschnee: 0,75 - 0,95 (reflektiert 75 - 95% der einfallen Strahlung)
- dunkler Oberfläche ⇨ geringe Albedo
  Bsp.: geteerter Oberfläche : 0,03 (absorbiert nahezu die gesamte einfallende Strahlung)

Oberflächenalbedo im Januar

⇨ SHK:

- trop. Regenwald: ca. 10%
- Wüstengebiete: ca. 30%
- Vegetation der SHK reflektiert ca. 15 - 25 %

⇨ NHK:

- Schneebedeckung: ca. 70%
- nach Norden hin zunehmende Albedo der Meeresoberflächen (wg. geringeren Einfallswinkel der Strahlung, s.o.)

⇨ kontinuierliche Zunahme der Albedo polwärts

4.2 Wechselwirkung von Strahlung und Atmosphäre

4.2.1 Extrinktion

Extinktion

- Abschwächung einer Strahlung bzw. Dämpfung des Lichts durch Materie durch **Absorption** und **Streuung**

⇨ Die an der Atmosphärengrenze ankommende Sonnenstrahlung wird beim Durchgang durch die Atmosphäre durch **Absorption** und **Streuung** an atmosphärischen Gasen, Aerosolteilchen und Wasserdampf geschwächt.

Solarenergie geht auf dem Weg durch die Atmosphäre verloren durch...

- Absorption von Gamma- und Röntgenstrahlen
- Absorption der UV-Strahlen (in der Ozonschicht der Stratosphäre)
- **Streuung** durch Gasmoleküle und **diffuse Reflexion** durch Staub und Wolkenpartikel
  ⇨ **5%** der kurzwelligen Insolation wird direkt in den Weltraum **reflektiert**
- **Adsorption** v.a. durch Kohlendioxid und Wasserdampf
  ⇨ **Erwärmung** der unteren Atmosphäre

⇨ Insolationsverluste bei klarem Himmel (links) deutlich geringer als bei bedecktem Himmel (rechts)

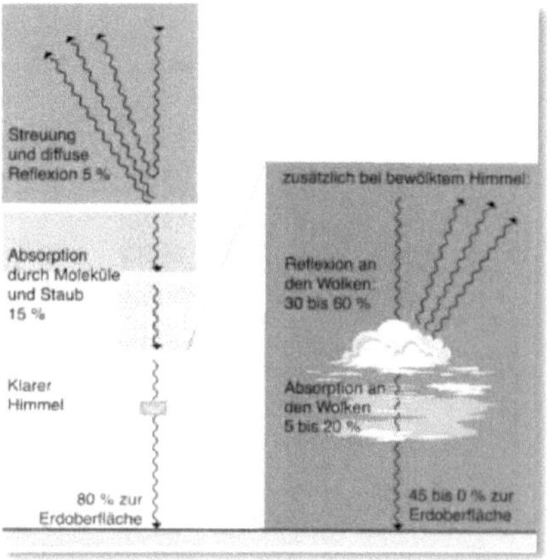

4.2.2 Absorptionsbanden und atmosphärische Fenster

⇨ selektive Absorption, d.h. es gibt spezifische Spektralbereiche, in denen einzelne Gase besonders intensiv absorbieren (= **Absorptionsbanden**)

⇨ extrem effektive Absorber sind drei- und mehratomige Gase, z.B. H_2O-Dampf, CO_2, O_3

- O_3 der Stratosphäre: Absorption der gesamten UV-Strahlung < 0,3 μm
- im sichtbaren Bereich: relativ geringe Strahlungsabsorption
  ⇨ „sichtbares Fenster"
  ⇨ Solarstrahlung dringt bis zur EO: Erwärmung bzw. Photosynthese
- H_2O und CO_2 und Spurengase Hauptabsorber im IR-Bereich
  ⇨ absorbieren auch die Wärmeabstrahlung der EO
  ⇨ (natürlicher) Treibhauseffekt
  ↗ III, 5

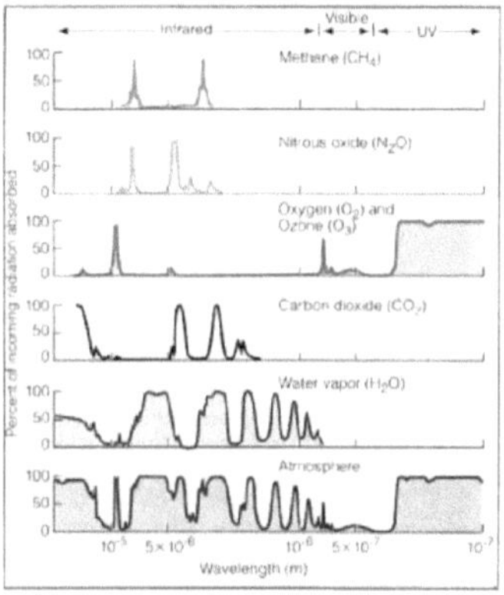

Quelle: http://www.fe-lexikon.info/images/AtmosAbsorption.jpg

⇨ aus den Absorptionsbanden der Atmosphäre ergeben sich bestimmte Wellenlängenbereiche, in denen keine oder kaum Absorption stattfindet (= **atmosphärische Fenster**):

Atmosphärische Fenster

- bestimmte Wellenlängenbereiche zwischen 10,5 und 12,5 μm, in denen keines der atmosphärischen Gase Strahlung aussendet oder absorbiert
- Strahlung mit dieser Wellenlänge kann die Atmosphäre ungehindert durchdringen bzw. verlassen

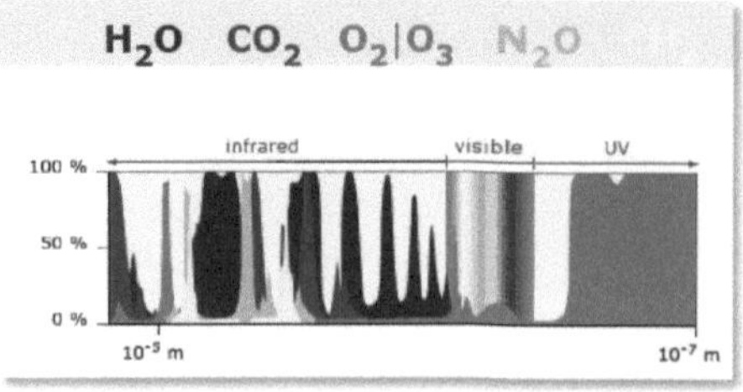

4.2.3 Exkurs: Ozonschicht der Stratosphäre

- im oberen Drittel der Stratosphäre
- Funktion: Absorption von UV-Strahlung
- Bildung von Ozon:

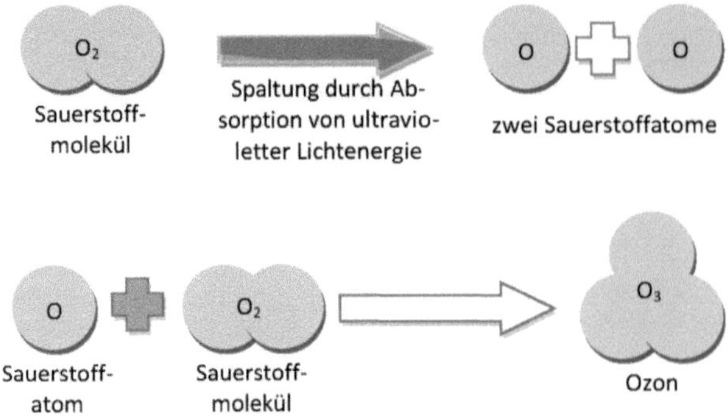

- weitere Reaktionen in der Ozonschicht:

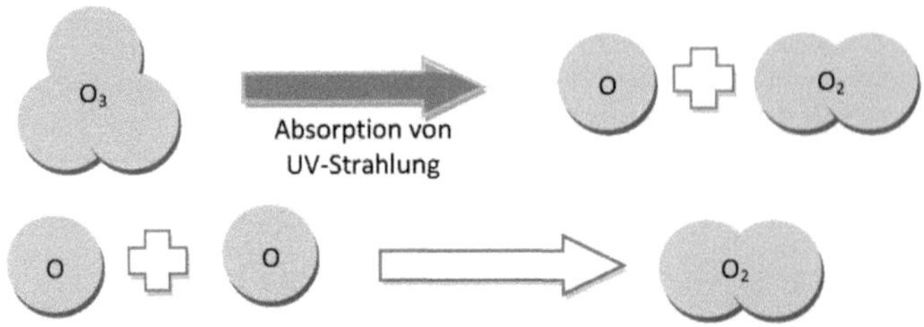

⇨ **permanente Bildung von Ozon, Sauerstoffmolekülen und atomarem Sauerstoff**

- Abnahme der Ozonkonzentration = Abnahme der Absorption von UV-Strahlung

4.2.4 Diffuse Streuung an atmosphärischen Gasen

- Aerosole-Teilchen und Wasserdampftröpfchen streuen alle Wellenlängen ähnlich gleich
  ⇨ haben keine charakteristische Streufarbe
- Luftmoleküle streuen einfallendes Licht intensiver nach oben und unten, weniger seitwärts
  ⇨ je kleiner die Wellenlänge, desto gleichmäßiger wird das Licht gestreut
  ⇨ blaues Licht wird am gleichmäßigsten gestreut ⇨ überproportionaler Blauanteil
  ⇨ Himmel erscheint blau

5 Der globale Strahlungshaushalt im System Erde-Atmosphäre

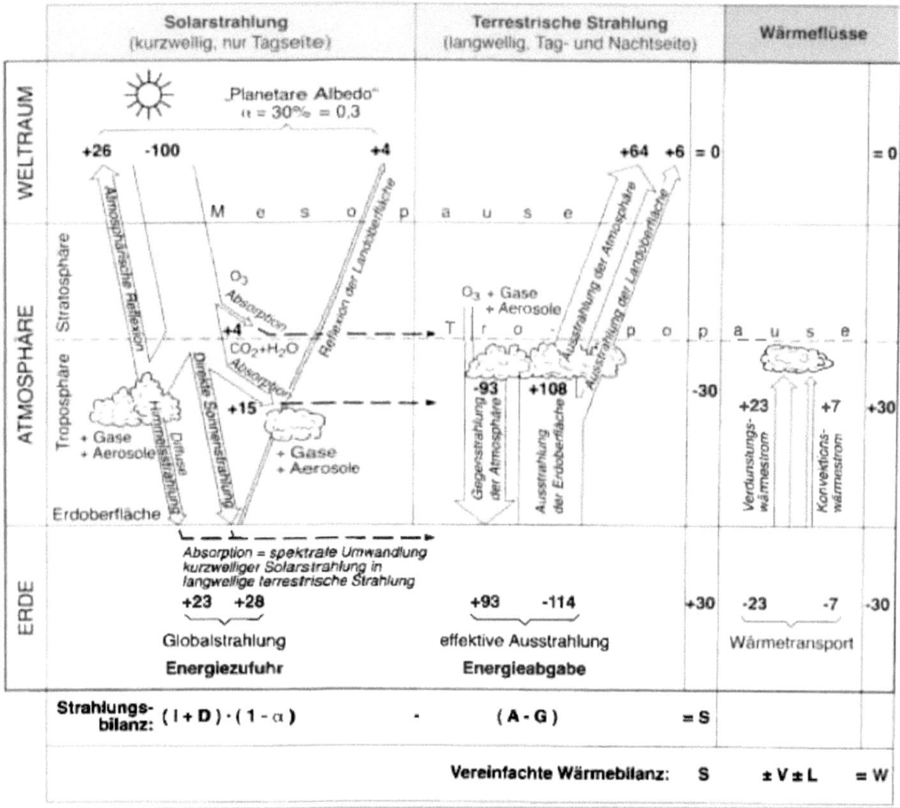

⇨ 3 Teilbereiche:

Solarstrahlung

Terrestrische Strahlung

Wärmeflüsse

5.1 Solarstrahlung

Insolation ≙ 100%

(= dir. Sonneneinstrahlung 77% + diff. Himmelsstrahlung 23%)

Gesamtreflexion (Plan. Albedo)

- 26% Atmosphärische Reflexion (an Wolken, Gasen, Aerosole)
- 4% Reflexion an Landoberfläche

30 % Gesamtreflexion

Absorption der Atmosphäre

- 4% Absorption durch O_3
- 15% Absorption durch CO_2, H_2O

19 % Absorption

Absorption der Erdoberfläche

51% Absorption

(100% - 30% - 19%)

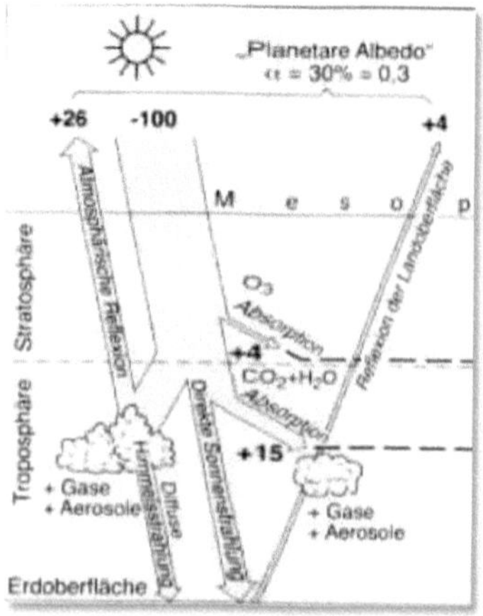

5.2 Terrestrische Strahlung

Terrestrische Ausstrahlung ≙ 114% (findet Tag & Nacht statt)

Tatsächliche Ausstrahlung

- 6% direkte Ausstrahlung der Erdoberfläche
- 64% Ausstrahlung der Atmosphäre

70 % Gesamtreflexion

Gegenstrahlung der Atmosphäre
93%

⇨ Differenz von 21%
(114% - 93%)

⇨ natürlicher Treibhauseffekt der Atmosphäre

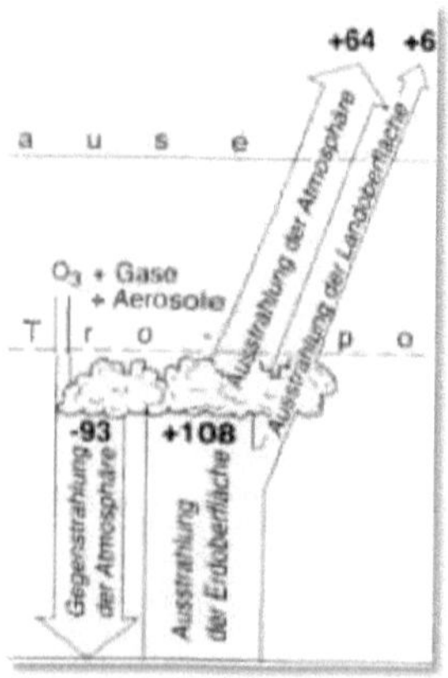

5.2.1 Gegenstrahlung

Gegenstrahlung

- langwellige Ausstrahlung der Atmosphäre, die die Erdoberfläche erreicht

Bedeutung der Atmosphäre für den Planeten:

93% Gegenstrahlung ⇨ natürlicher Treibhauseffekt (s.u.) ⇨ Erwärmung des Planeten

Ohne Gegenstrahlung würde die mittlere Temperatur der erdoberflächennahen Luftschichten nicht bei 15°C, sondern deutlich unter dem Nullpunkt liegen!

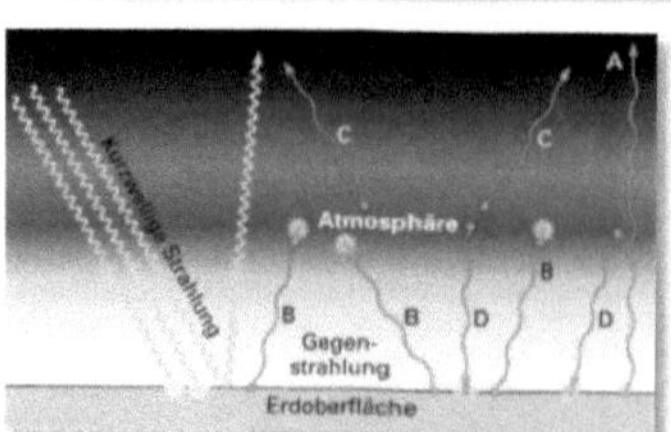

5.2.2 Der Treibhauseffekt

Treibhauseffekt

- Absorption von Abstrahlung der Erdoberfläche und Gegenstrahlung
- Folge: Aufheizen der unteren Atmosphäre

Wolkendecken(**H_2O**), **CO_2**, troposphärisches **O_3** und **N_2O** (Stickstoffoxid) sind besonders gute Absorber und Ausstrahler langwelliger Energie und verstärken den Treibhauseffekt.

⇨ denn: Langwellige Strahlung stammt v.a. aus Rotations- und Schwingungsanregungen der dreiatomigen Moleküle (= **Spurengase**).

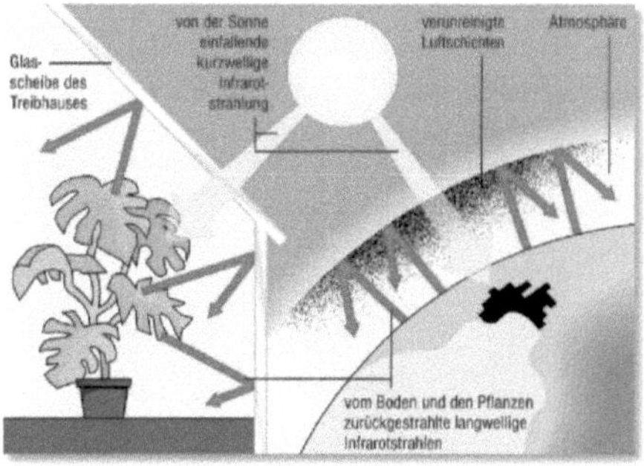

Quelle: http://www.hvv-mobility.com/upload/redaktion/05_G_Triebhaus.jpg

⇨ Klimawirksamkeit ausgewählter Gase:

Gas	Natürliche Konzentration ~1750 [ppm]	Antropogene Emission pro Jahr [MT]	rel. GWP	Anteil am natürlichen Treibhaus-effekt [%]	Anteil am anthropogenen Treib-hauseffekt [%]
CO_2	280	30.000	1	26	61
CH_4	0,7	40	58	2	15
N_2O	0,28	15	5750	4	4
O_3, bodennah	0,025	0,5	206	<8	<9
FCKW	0	0,4	3970	-	11

⇨ anthropogene Verstärkung des Treibhauseffektes:

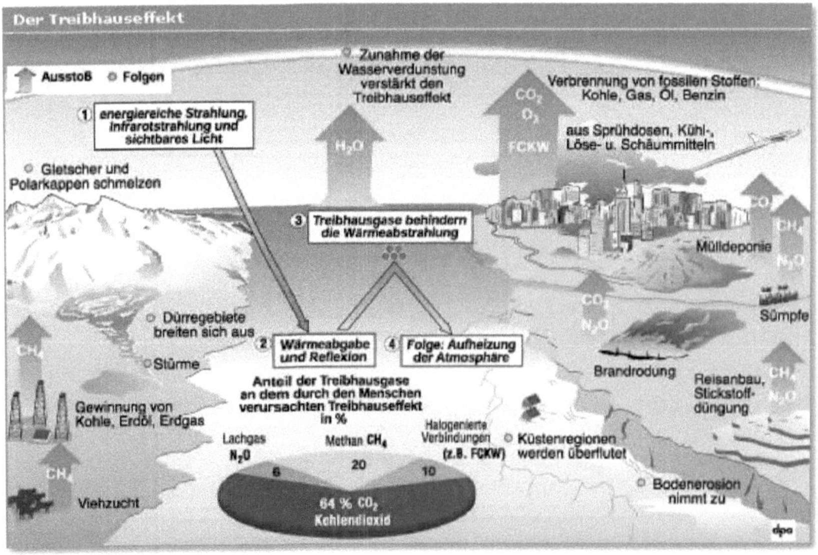

Quelle: http://www.neumuenster.de/cms/files/treibhauseffekt.jpg

5.3 Strahlungsbilanz und Wärmeflüsse

⇨ Bilanzen für die drei vertikalen Ebenen (s. Gesamtabbildung):

- Erdatmosphäre: +23 +28 +93 -114 = **+30%** (Überschuss)
- Atmosphäre: +15 +4 +108 -93 -64= **-30%** (Defizit)
- Weltraum: -100 +26 +4 +64 +6 = 0%

⇨ Überwindung des energetischen Gradienten durch **turbulenten Wärmetransport**

- Strom latenter Wärme: 23%
  (= Verdunstungswärmestrom)
- Strom fühlbarer Wärme: 7%
  (= Konvektionswärmestrom)

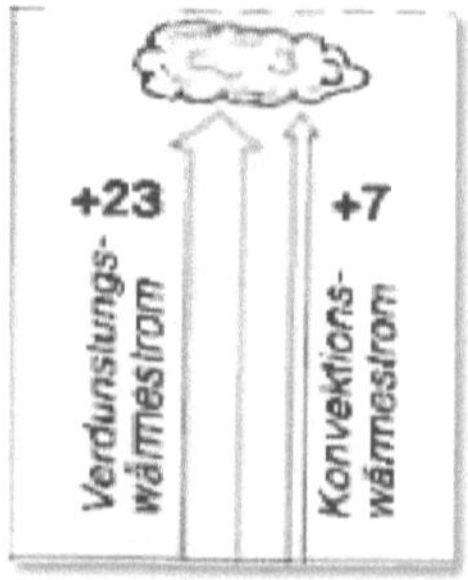

6 Regionale Differenzierung von Globalstrahlung

⇨ entscheidend neben geogr. Breite und Jahreszeit (⇗ Kap. II): **Wasserdampfgehalt** und **Bewölkungsgrad**

Mittlere jährliche Globalstrahlung:

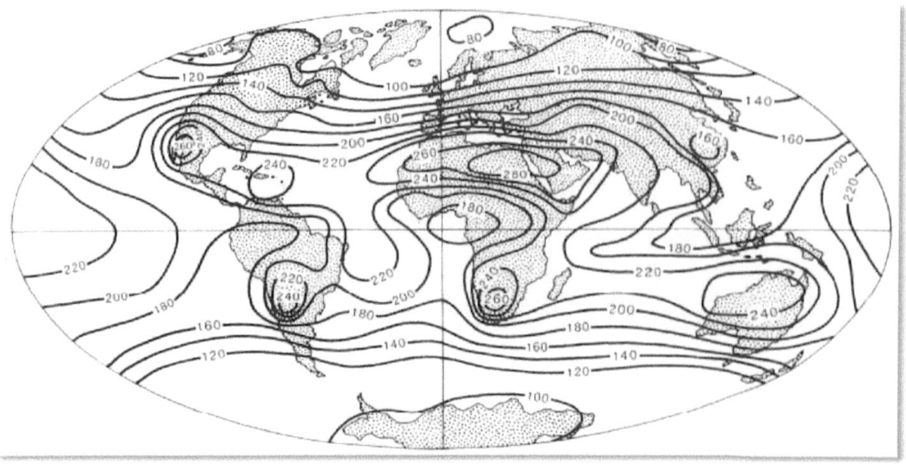

- höhere Strahlungswerte über den Kontinenten
  Grund: hoher Wasserdampfgehalt und Bewölkung über den Meeren
- Ausnahme: Bereich der subtropischen Hochdruckzellen (z.B. Azorenhoch)
  ⇨ Wolkenarmut und höchste Strahlungswerte auch über dem Meer
- Hochgebirge der niederen Breiten: sehr hohe Einstrahlungswerte wegen geringerer Extrinktion

7 Insolation

Insolation

- **Flussrate** der **Solarenergie**, der die **Erdoberfläche erreicht** unter der Annahme einer einheitlichen Kugelform der Erde **ohne Atmosphäre** (in Watt/m²)
- **jährliche Insolation:** Rate der Insolation gemittelt über ein ganzes Jahr

⇨ abhängig von 2 Faktoren:

- **Winkel**, mit dem die Sonnenstrahlen auf der Erdoberfläche auftreffen
  ⇨ wird bestimmt über geographische Breite und Schiefe der Ekliptik
- **Dauer** der Zeit, in der die Strahlung auftrifft
  ⇨ wird bestimmt über Erdrotation und jahreszeitliche Veränderung der Sonnenbahn

⇨ Insolation auf der Erde:

- unterschiedliche Insolationsintensitäten in den verschiedenen geographischen Breiten
- unterschiedliche jahreszeitliche Schwankungen (am Äquator kaum, am Pol sehr extrem)

Ab ca. **40° n./s.Br. negative Strahlungsbilanz**!

- **Polwärts** des nördl./südl. **Polarkreises** bleibt die Sonne zeitweise unterhalb des Horizontes, sodass die tägliche Insolation in diesem Zeitraum **null** beträgt. Die **größte tägliche Einstrahlung** wird am **Pol** erreicht, um zwar zum jeweiligen Sommersolstitium (wg. Tageslänge im Polarsommer).
- **Zwischen** den nördl./südl. **Wendekreisen** und den entsprechenden **Polarkreisen** (23,5°-66,5° N/S) zeigt die tägliche Insolation ein wellenförmiges Muster mit **höherer täglicher Einstrahlung** am **Sommersolstitium** und **niedriger täglicher Einstrahlung** am **Wintersolstitium**.
  ⇨ **ein Maximum, ein Minimum**
- Am **Äquator** beobachten wir **zwei Maxima** und **zwei Minima** der täglichen Insolation, und zwar an den **Äquinoktien** bzw. den **Solstitien**. Bis zu den Wendekreisen sind ebenfalls zwei Maxima und zwei Minima ausgeprägt, wobei der zeitliche Abstand zwischen den beiden Maxima geringer wird, je stärker man sich dem Wendekreis nähert, und er schließlich am **Wendekreis** in **einem einzelnen Maximum** zusammenläuft.

Jahresgang der Insolation

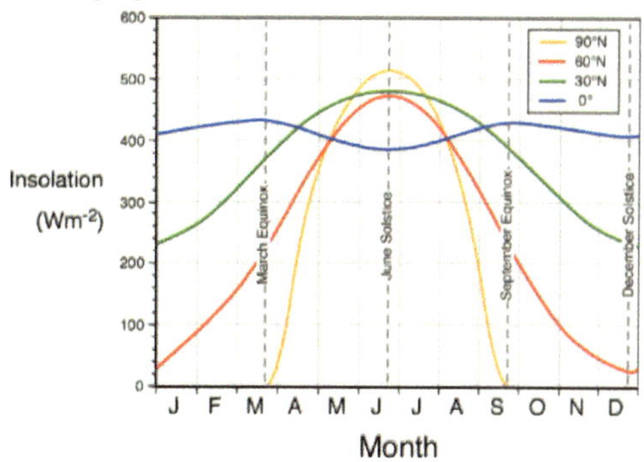

Quelle: https://lessthan3ley.files.wordpress.com/2014/07/insolation_latitude.gif?w=630&h=440

⇨ Energiebilanz ist nicht an jedem Punkt der Erde und zu jedem Zeitpunkt ausgeglichen

Nettostrahlung

- Differenz zwischen der gesamten eingehenden Energie und der gesamten abgehenden Energie im System Erde

Beispiel Dakar (Tageszeitenklima):

Nacht
- kurzwellige Einstrahlung der Sonne fehlt
- langwellige Ausstrahlung wirksam
- ⇨ Strahlungsbilanz negativ

Tag (kurz nach Dämmerung)
- Einsetzen der kurzwelligen Einstrahlung
- Energieverluste durch Ausstrahlung aufgehoben
- ⇨ Strahlungsbilanz positiv

Abend (kurz vor Sonnenuntergang)
- kurzwellige Einstrahlung nimmt ab
- kräfte langwellige Ausstrahlung durch stark aufgewärmten Boden
- ⇨ Strahlungsbilanz erneut negativ bis zur Morgendämmerung

⇨ Aufteilung der Erde in Breitenzonen nach dem Anteil der Sonnenenergie, die sie erhalten

Äquatoriale Zone (10°N – 10°S)

- Tag und Nacht etwa gleich lang
- hohe Insolation

Tropische Zone (10-25° N/S)

- ausgeprägter jahreszeitlicher Zyklus
- höchste Insolation (⇨ kaum Wolkenbedeckung)

Subtropische Zone (25-35° N/S)

Zone der mittleren Breiten (35-55° N/S)

- Einfallswinkel der Sonne und die Insolation variiert stark
- große jahreszeitliche Unterschiede zwischen Tages- und Nachtlänge

Sub(ant)arktische Zone (55-60° N/S)

(Ant)Arktische Zone (60-75° N/S)

- sehr große jährliche Variation der Tag- und Nachtlängen
- enorme Unterschiede der Insolation

Polarzone (75-90° N/S)

- ½ Jahr Polartag, ½ Jahr Polarnacht
- größte jahreszeitliche Kontraste der Insolation

2.11 Breitenzonen der Erde
Ein geographisches System von Breitenzonen basierend auf den jahreszeitlichen Mustern der täglichen Insolation.

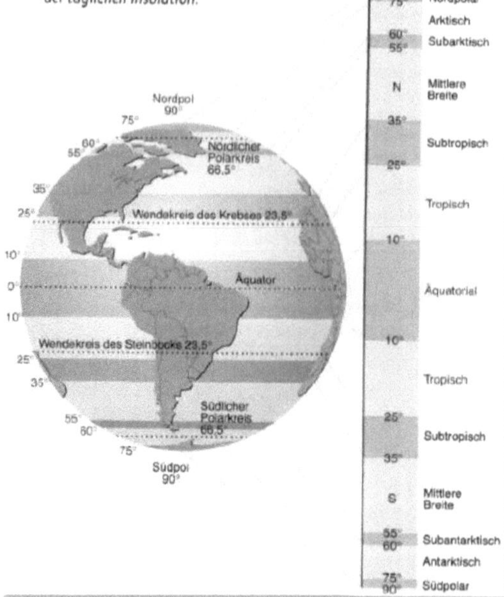

Meridionalprofil der Nettostrahlung der Erde

- **Energieüberschuss** in den niederen Breiten
- rapide Abnahme der Nettostrahlung in den mittleren Breiten
  ⇨ 0 bei ca. **40° N/S**
- **Energiedefizit** zwischen 40°N/S und den Polen

⇨ Äquator müsste sich immer weiter erwärmen, Pole immer weiter abkühlen

⇨ **meridionaler Transport**
(entlang der Meridiane)

- durch Zirkulation der Atmosphäre (teils fühlbare, teils latente Wärme) (⇗ Kap. IX)
- durch Zirkulation der Ozeane (⇗ Kap. X)

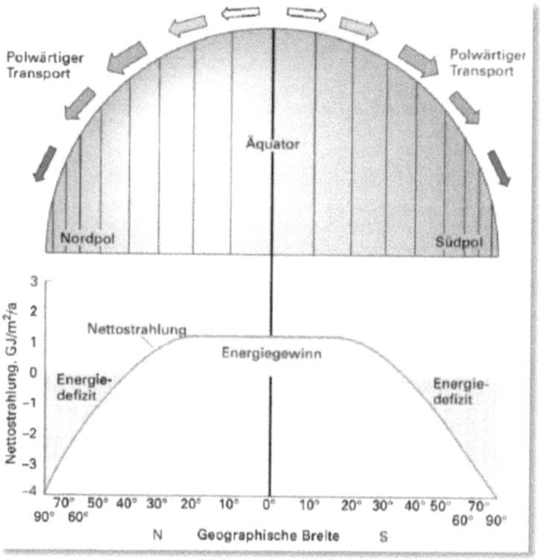

IV. Wärmehaushalt

1 Wärmebilanz

⇨ Ausgleich der Energiedefizite durch Transport von Wärme

Möglichkeiten des Wärmetransports

Fühlbarer und latenter Wärmestrom
- über turbulenten Transport bzw. Winde
- dominierende Formen der Wärmetransports

Bodenwärmestrom
- über molekulare Wärmeleitung
- abhängig von Wärmeleitfähigkeit und Temperaturgradient des Bodens (Erwärmung bis max. 1 m Tiefe)

Meeres-Wärmestrom
- über turbulenten Transport bzw. Winde
- vertikaler und horizontaler Transport (Mischung von warmem Oberflächenwasser mit tieferen Schichten durch Verwirbelungen ⇨ Erwärmung bis 100m Tiefe)

Wärmeverbrauch beim Schmelzen von Schnee und Eis

Wärmestrom an fallenden Niederschlagsteilchen

Reibungswärmestrom

Biologischer Energieumsatz

} 4%

2 Wärmebilanz im Tagesgang

⇨ folgt grundsätzlich der tageszeitlichen Verteilung der Strahlungsbilanz (vgl. Bsp. Dakar)

Tag → positive Strahlungsbilanz ⇨ überschüssige Energie →

- **Bodenwärmestrom ⇩** hoch bei hoher Böden mit hoher Wärmespeicher- und Wärmeleitkapazität
- **Strom fühlbarer Wärme ⇧** hoch bei hohem Temperaturgradienten (labile Schichtung)
- **Strom latenter Wärme ⇧** hoch bei hoher Verdunstung

Nacht → negative Strahlungsbilanz ⇨ Energiedefizit → umgekehrte Situation

Verbundsystem
⇨ Ausgleich zwischen den Wärmeströmen

Bsp. Wüste: kein latenter Wärmestrom möglich (Wassermangel ⇨ keine Verdunstung)
⇨Ausgleich durch fühlbaren Wärmestrom

Globale Ausprägung der Wärmebilanz

vertikale Flüsse von fühlbarer und latenter Wärme von zentraler Bedeutung

- da 72% der EO von Meeren bedeckt sind, spielt der latente Wärmestrom eine größere Bedeutung
  ⇨ Anteil am globalen Wärmehaushalt 80 - 85% (NHK mit höherem Festlandanteil ca. 62%)
- Trockengebiete: Nutzung der Strahlungsenergie zur direkten Erwärmung
  ⇨ hier überwiegt der fühlbare Wärmestrom

hreszeitliche Änderung der kontinentalen und marinen Wärmespeicher

- Sommerhalbkugel: Ozeane und Kontinente absorbieren Wärme und wärmen sich auf
  ⇨ Landflächen können aufgrund der niedrigeren Wärmeleitfähigkeit weniger Wärme speichern
- Winterhalbkugel: Ozeane und Kontinente geben Wärme ab und nähren den Wärmestrom
  ⇨ Ozeane können wesentlich mehr Wärme abgeben und kühlen langsamer aus

Wärmekapazität von Boden und Wasser

1 Boden

g:

rzwellige Einstrahlung steigt ⇨ Zunahme langwelliger Abstrahlung und Erwärmung der Bodenoberfläche

cht:

rzwellige Einstrahlung sinkt ⇨ Abkühlung der Bodenoberfläche und Rückgang der langwelligen Strahlung

nächtliche Ausstrahlung wird durch **Energievorrat vom Tag** gespeist

irmeleitfähigkeit des Bodens

schlecht wärmeleitende Böden

- Oberfläche wird tagsüber sehr warm, aber Temperatur in tieferen Schichten ändert sich kaum
- hohe Tag-Nacht-Schwankungen an der Oberfläche, aber in der Tiefe unbedeutender Jahresgang

⇨ kaum Energiepufferung

).:

- humushaltige Böden (Moor, Torf)
- trockene Böden (Luft leitet Wärme schlechter als Wasser)
- gut bearbeitete, lockere Böden

⇨ gut wärmeleitende Böden

gut wärmeleitende Böden

- Oberfläche weist nur mäßige Temperaturschwankungen auf
- höhere Temperaturschwankungen in der Tiefe

⇨ kann Energieüberschuss gut abschöpfen, gute Energiespeicherung

Bsp.:

- mineralische Böden, z.B. Sand, Lehm (Gestein leitet besser als organisches Material wie z.B. Holz)
- feuchte Böden
- feste, unbearbeitete Böden

irmeleitung eines bewachsenen Bodens: durch die Pflanzendecke…

- wird die Fläche mit dem größten Strahlungs- und Energieumsatz vom Boden weg nach oben verlegt
  ⇨ kein unmittelbarer Energieaustausch zwischen Boden und Atmosphäre
- wird der Luftanteil erhöht und das Gefüge lockerer
  ⇨ Luft als schlechter Leiter, drosselt die Energieaufnahme des Bodens
  Bsp.: Gras ist kälter als ein Weg
- wird der Boden vor der nächtlichen Ausstrahlung geschützt
  ⇨ **Dämfung der Tag-Nacht-Amplitude**

4.2 Wasser

- **Absorption** von kurzwelliger Strahlung ist **nicht auf die Oberfläche beschränkt**, da Wasser lichtdurchlässig und durchmischbar ist (im Ggs. zu Boden)
- Strahlung dringt v.a. in klarem Wasser bis in weite Tiefen vor
  - ⇨ relativ dicke Wasserschicht kann erwärmt werden
  - ⇨ aber Erwärmung nicht überall gleich: höhere Schichten werden wegen der höheren Strahlungsintensität stärker erwärmt
- **Wind** führt zur **Durchmischung** von Gewässern:

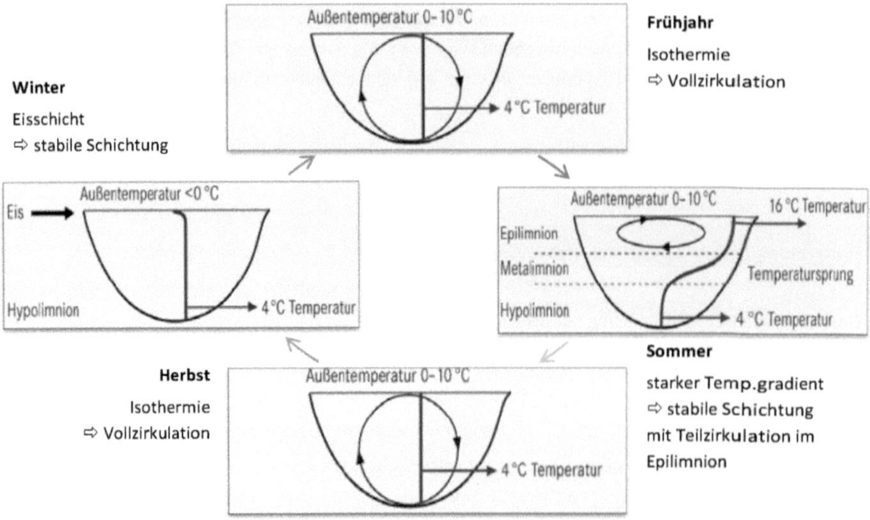

Frühjahr
Isothermie
⇨ Vollzirkulation

Winter
Eisschicht
⇨ stabile Schichtung

Sommer
starker Temp.gradient
⇨ stabile Schichtung mit Teilzirkulation im Epilimnion

Herbst
Isothermie
⇨ Vollzirkulation

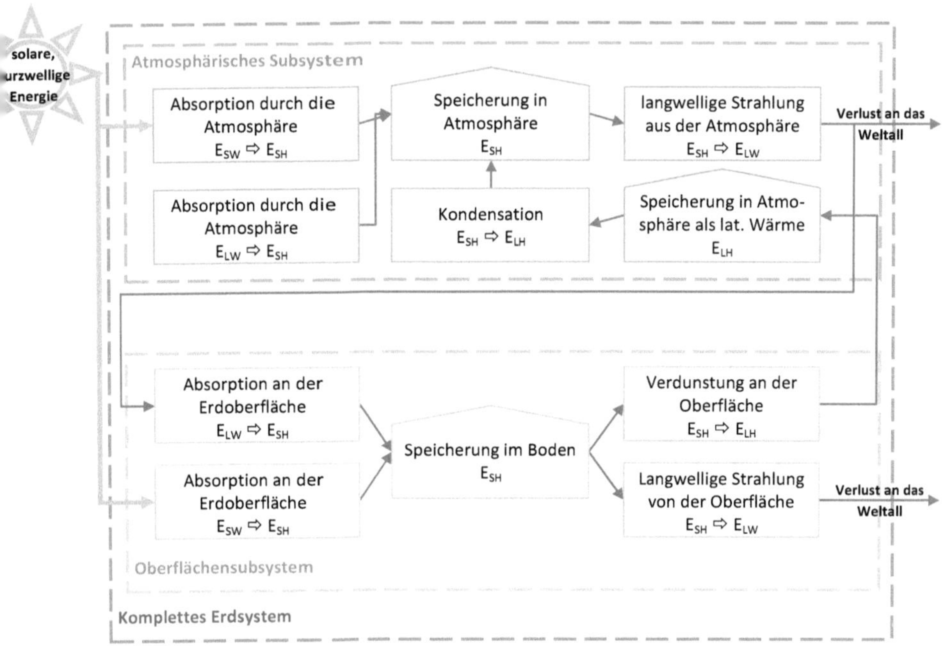

E_{SW} = kurzwellige Strahlung **E_{LW} = langwellige Strahlung** **E_{SH} = fühlbare Wärme** **E_{LH} = latente Wärme**

V. Lufttemperatur

Faktoren, die die Lufttemperatur bestimmen

Sonneneinstrahlung

- Rotation ⇨ täglicher zyklischer Wechsel der Sonneneinstrahlung (Tag - Nacht)
- Revolution ⇨ jährlicher zyklischer Wechsel der Sonneneinstrahlung (Sommer - Winter)

Geographische Breite

- mit zunehmender geogr. Breite nimmt Sonneneinstrahlung ab
- mit zunehmender geogr. Breite steigt die Amplitude der Temperaturen im Jahresverlauf

Art der Oberfläche

- trockene Oberflächen erwärmen sich schneller und absorbieren mehr Wärme, da keine Energie für Verdunstung verloren geht

Küsten- oder kontinentale Lage

- Wasser erwärmt sich langsamer und kühlt auch langsamer ab
- Folge: geringere Temperaturamplituden bei Küstenlage

Höhe

- große Höhe ⇨ dünnere Atmosphäre über dem Boden ⇨ geringerer natürlicher Treibhauseffekt ⇨ geringere Durchschnittstemperaturen

1 Strahlung und Lufttemperatur

⇨ **Lufttemperatur wird bestimmt durch die Nettostrahlungsbilanz**
(= Summe aus kurzwelligen Einstrahlung und langwelligen Ausstrahlung)

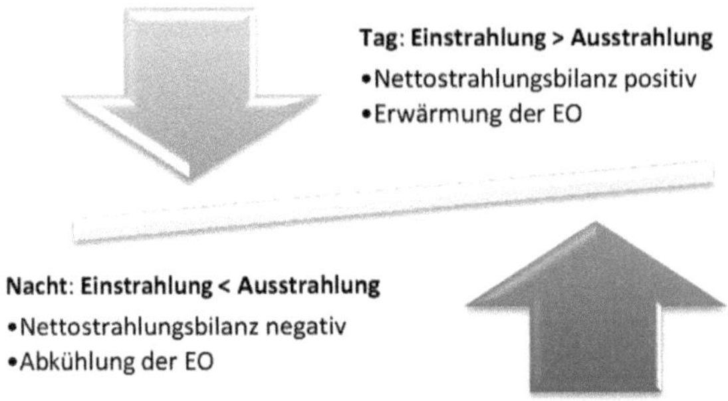

Wdh.: Energieüberschuss am Tag kann auch genutzt werden für

- Bodenwärmestrom (Bodenerwärmung)
- Strom latenter Wärme (Verdunstung)

2.1 *Tagesgang der Temperatur*

Der **Tagesgang der Lufttemperatur** wird bestimmt durch den **Tagesgang der Nettostrahlung**. Während des Tages bewirkt die positive Strahlungsbilanz einen Temperaturanstieg mit einem Maximum am Nachmittag. Nachts verhält es sich umgekehrt.

- Temperaturmaximum tritt bereits am frühen Nachmittag (ca. 15.00 Uhr) ein – nicht bei Sonnenuntergag – weil dann eine Durchmischung der unteren Luftschicht einsetzt und dem Temperaturanstieg entgegenwirkt
- Temperaturminimum liegt beim Sonnenaufgang (Einstrahlung ⇨ Temp.anstieg)

Aus der **Erdrevolution** und der **Neigung der Erdachse** resultiert der **Jahresgang der Nettostrahlung**, der sich ebenfalls bei den Monats- und Jahresdurchschnittstemperaturen niederschlägt.

- Verschiebung der Temperaturkurve nach oben im Sommer und nach unten im Winter

Außerdem hat die **Verteilung von Land und Meer** einen großen Einfluss auf die Lufttemperatur (s.u.).

Mittlerer täglicher Verlauf der Insolation, Nettostrahlung und Lufttemperatur bei einer Station von etwa 40-45 ° n. Br. m Landesinneren der USA:

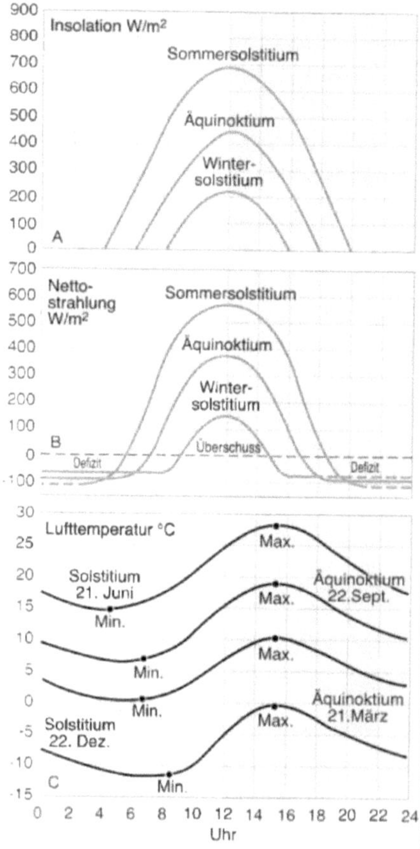

2.2 Jährliche Temperaturschwankung und Typen des Jahresgangs der Temperatur

Jährliche Temperaturschwankung

- Differenz zwischen dem höchsten und dem niedrigsten Monatsmittel

im globalen Mittel:

- **Zunahme** der **jährlichen** Temperaturamplitude mit zunehmender geographischer Breite (aber durch Land/Meer-Verteilung höchste Amplituden in hochkontinentalen Binnenländern)
- **Abnahme** der **täglichen** Temperaturamplitude mit zunehmender geographischer Breite

⇨ Zweigliederung des Klimas in **Tropen und Außertropen** nach jährlichem und täglichem Rhythmus des Wärmeablaufs (nach TROLL 1943):

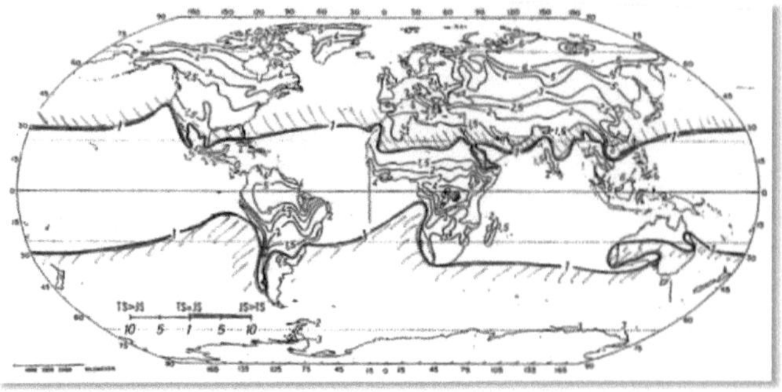

⇨ Typisierung des Wärmegangs auf der Erde anhand des Jahresganges der Temperatur:

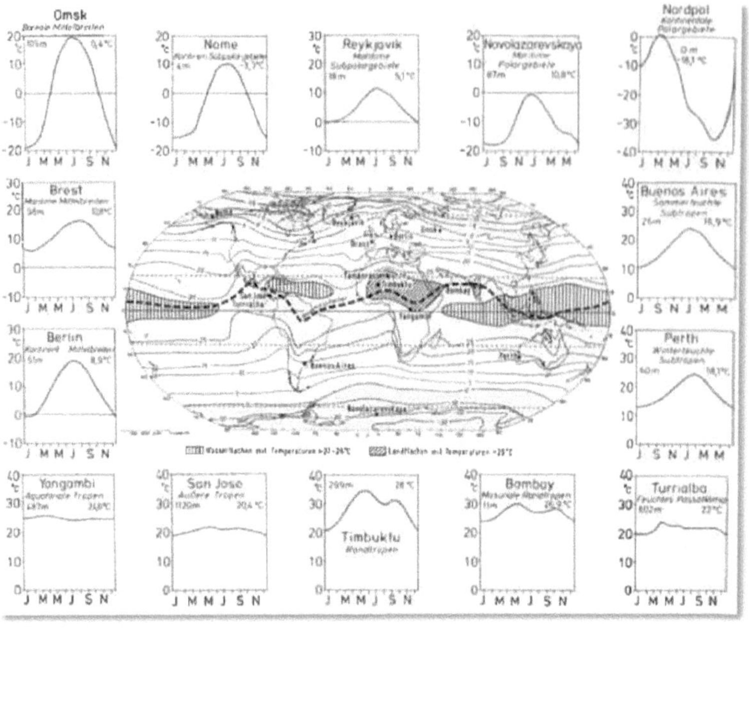

Äquatorialer Typ (Bsp.: Yangambi)

- jährliche Amplitude gering, max. 5°K (Monatsmittel 24° - 29°C)
- 2 kleine Maxima (zweimaliger Sonnenhöchststand)
- keine thermischen Jahreszeiten, Tageszeitenklima

Tropischer Typ (Bsp.: San José)

- mittlere jährliche Amplitude, max. 12°K
- 2 kleine Maxima (vor und nach dem zenitalen Sonnendurchgang)

Monsun-Typ, auch indischer Typ (Bsp.: Bombay)

- 2 Temperaturmaxima vor und nach dem Monsun (Mai; Oktober/November)
  ⇨ erstes Maximum wg. Einstrahlung ausgeprägter
- Rückgang der Temperatur mit Einsetzen des Monsuns
- Temperaturminimum nach Wintersonnenwende

Subtropen-Typ (Bsp.: Buenos Aries, Perth)

- gleichmäßiger Anstieg zum sommerlichen Temperaturmaximum
- gleichmäßiger Abstieg zum winterlichen Temperaturminimum
- Variation durch kontinentalen bzw. maritimen Einfluss

Typ der Mittelbreiten (Bsp.: Brest, Berlin, Omsk)

- rel. rascher Anstieg zum sommerlichen Maximum
- rel. rascher Abstieg zum winterlichen Minimum
  ⇨ dazwischen: selbständige Jahreszeiten (Frühling, Herbst)
- rasche Zunahme der Jahresamplitude von Meeren zu kontinentalen Bereichen

Subpolar-Typ (Bsp.: Nome, Reykjavik)

- Temperaturgang ähnlich dem der Mittelbreiten, jedoch auf abgesenktem Niveau
- kurze Sommerperiode, längere Winterperiode
- Schneedecken verlängern den Winter: deutlicher Temperaturanstieg erst nach Schneeschmelze

Polarer Typ (Bsp.: Novolazarevskaya, Nordpol)

- große Temperaturextreme
- Verspätung der Winterkälte (meist März)
- langanhaltende Winter

2.3 Temperaturgegensätze von Land und Wasser

⇨ Nord- und Südhalbkugel sind sehr unterschiedlich:

Nordhalbkugel

Pol = Meer

von viel **Landmasse** umgeben

Landmasse erwärmt sich schneller, kühlt aber auch schneller aus

⇨ rascher Temperaturanstieg im Nordsommer

Gründe:

- Boden bzw. Gestein ist für Strahlung undurchlässig
- trockene Böden sind schlechte Wärmeleiter
- keine Durchdringung von Boden und Gestein

⇩

kontinental

⇨ größere Temperaturamplituden

Südhalbkugel

Pol = Land

von viel **Wasser** umgeben

Wassermasse erwärmt sich langsamer, kühlt aber auch langsamer aus

⇨ **jährliche Temperaturmaxima und -minima treten einen Monat später ein als auf dem Land!**

Gründe:

- Sonnenstrahlung dringt tief ins Wasser ein
  ⇨ absorbierte Wärme wird auf relativ dicke Wasserschicht verteilt
- Wasser wird durch Wind durchmischt
- Verdunstung kühlt die Wasseroberfläche ab

⇩

maritim

⇨ geringere Temperaturamplituden

3 Horizontale Raummuster der Temperatur

Isothermen

- Linien gleicher mittlerer Temperatur

Mittlere reduzierte Temperaturen für Januar und Juli:

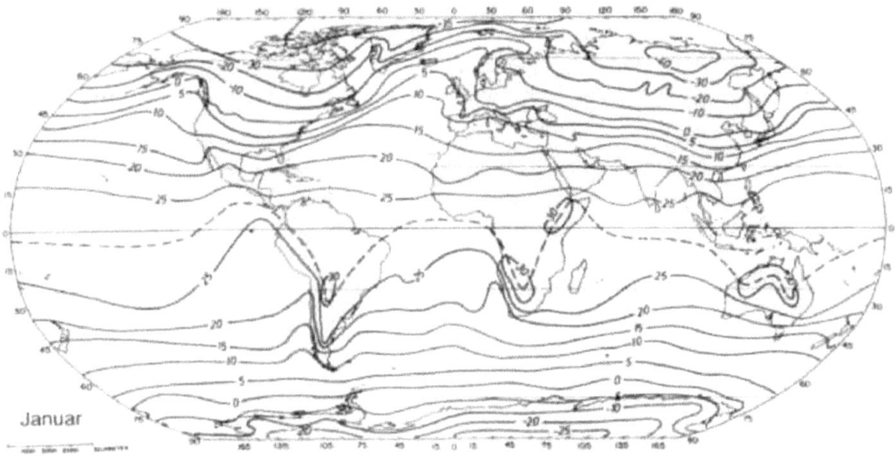

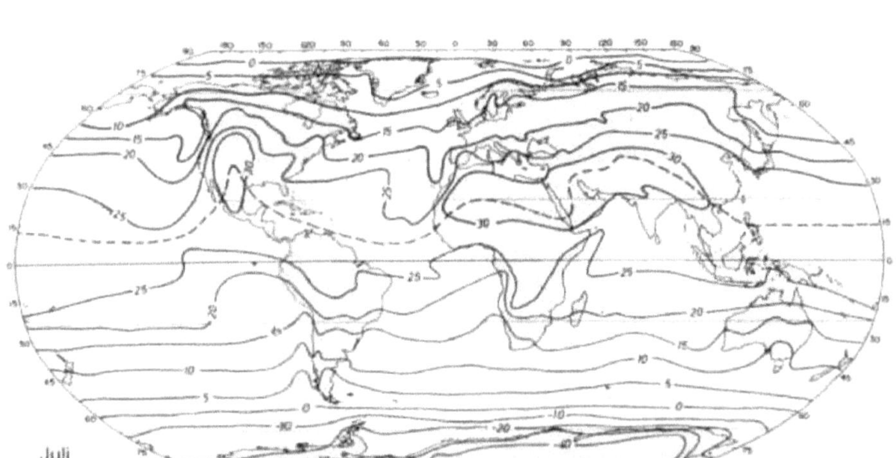

- mittlere Lufttemperatur nimmt von den niederen Breiten gegen die Polargebiete ab
  ⇨ SHK: stärkeres Temperaturgefälle (Isothermen weisen dichtere Scharung auf)
- tropische Westküsten kälter ⇔ tropische Ostküsten wärmer
  außertropische Westküsten wärmer ⇔ außertropische Ostküsten kälter
  Grund: Meeresströmungen (⇗ Kap. X, 2)

4 Veränderung der Temperatur und des Luftdrucks mit der Höhe

Luftdruck

- Kraft, die senkrecht auf die Oberfläche einer (gedachten) Luftsäule wirkt
- Luftdruck auf Meeresniveau: 1030 hPa

- Luft hat ein bestimmtes Gewicht, mit dem sie auf die Erde drückt ⇨ Luftdruck
- Luftdruck wird mit zunehmender Höhe geringer, denn je höher man kommt, desto weniger Luft hat man über sich
- **Luftdruck und Luftdichte nehmen mit zunehmender Höhe ab**
  (thermische Ausnahmen sind möglich, z.B. Inversion s.u.)

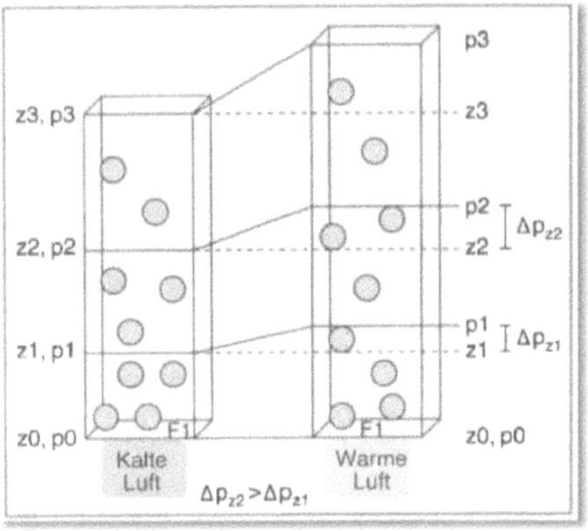

⇨ Der Druck kalter Luft nimmt mit der Höhe schneller ab als der Druck warmer Luft.

Kalte Luft

⇨ **Druck** ist in der **unteren Atmosphäre größer** und nimmt **schneller** ab mit zunehmender Höhe als in „Standard-Atmosphäre"

Luftdruck ist besonders hoch
⇨ **Hoch** (-druckgebiet)

Warme Luft

⇨ **Druck** ist in der **unteren Atmosphäre geringer** und nimmt mit zunehmender Höhe **langsamer** ab als in „Standard-Atmosphäre"

Luftdruck ist besonders gering
⇨ **Tief** (-druckgebiet)

- **Volumenänderung** führt zu einer **Temperaturänderung**:
  - **Kompression** ⇨ **Temperaturzunahme**:
    Zusammenpressen des Gases ⇨ Volumen wird kleiner ⇨ Energiegehalt wird geringer ⇨ überschüssige, unbenötigte Energie wird zur **Erwärmung** des Gases und der Umgebung genutzt
  - **Expansion** ⇨ **Temperaturabnahme**:
    Ausdehnung ⇨ Abstände zwischen den Gasmolekülen werden größer, aber Kräfte zwischen den Molekülen widersetzen sich ⇨ Energieaufwand (sog. **Volumenarbeit**) zur Ausdehnung der Moleküle notwendig ⇨ **Abkühlung** des Gases
- Luftpaket = Luftwürfel, der vollständig thermisch isoliert ist, aber sich ohne Kraftaufwand beliebig ausdehnen kann
  - **Aufstieg** des Luftpakets ⇨ **Abkühlung**:
    Druck nimmt ab ⇨ Moleküle dehnen sich aus ⇨ Energie wird benötigt ⇨ Abkühlung
  - **Absinken** des Luftpakets ⇨ **Erwärmung**:
    Druck nimmt zu ⇨ Moleküle drängen zusammen ⇨ Energie wird frei ⇨ Erwärmung

4.1 Adiabatik

Adiabatik

- vertikale Temperaturänderung durch Hebung/Senkung der Luft

(Annahme: während der Vertikalbewegung wird keine Energie von außen zugeführt oder nach außen hin abgegeben ⇨ die komplette Energie stammt aus dem auf- bzw. absteigenden Luftpaket)

trockenadiabatische Temperaturgradient

- Abkühlung nicht wasserdampfgesättigter Luft um **1°K/100m**
- keine Kondensation, bis zum Taupunkt
- konstant

feuchtadiabatische Temperaturgradient

- Abkühlung gesättigter Luft um ca. **0,5°K/100m**
- Kondensation (& Energiefreisetzung, da die latente Wärme in fühlbare Wärme übergeht)
- nicht konstant wegen abnehmender Sättigung mit zunehmender Höhe (⇗ Kap. VII, 1)

4.2 Stabilität und Labilität

⇨ In der realen Atmosphäre gibt es häufig Abweichungen von den adiabatischen Verhältnissen, d.h. externe Zufuhr bzw. Abgabe von Energie an/von einzelne/n Luftpakete/n ⇨ andere Luftgradienten

Geometrischer Temperaturgradient

- tatsächliche thermische Schichtung der Atmosphäre

4.2.1 Labile Schichtung

Luft in einem Luftpaket ist wärmer als die Umgebungsluft und kühlt mit zunehmender Höhe weniger schnell ab als die Umgebungsluft:

⇨ Luftpaket steigt auf, denn:

- der Druck im wärmeren Luftpaket ist größer, denn der Druck der Umgebungsluft nimmt mit der Höhe ab ⇨ Temperatur der Umgebungsluft nimmt mit der Höhe ab, aber Druck im Luftpaket entsprecht immer noch dem Druckniveau am Boden ⇨ Temperatur des Luftpakets höher
- Volumen nimmt gegenüber der Umgebungsluft zu
  ⇨ gleiche Molekülanzahl bei größerer Fläche und weniger Moleküle pro Flächeneinheit als in Umgebungsluft ⇨ wärmere Luft im Paket ist leichter als Umgebungsluft ⇨ **Auftrieb = labiler Zustand**

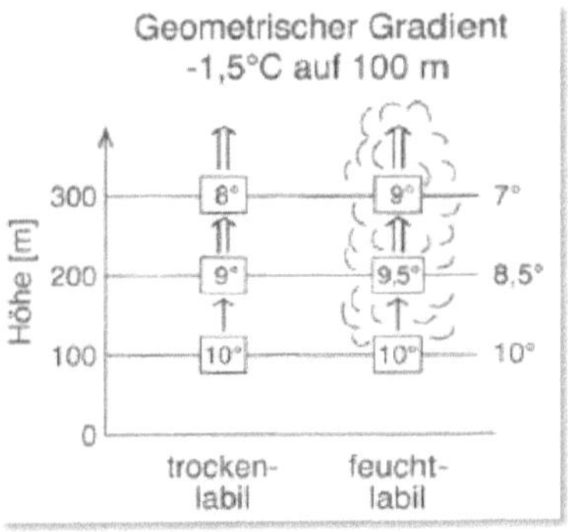

trockenlabil:

keine Kondensation beim dem Aufstieg, da keine Feuchtigkeit vorhanden

⇨ Luftpaket kühlt um **1K/100m** ab, da keine Kondensationswärme freigesetzt wird, welche die Abkühlung durch den sinkenden Druck kompensieren könnte

feuchtlabil:

Kondensation beim Aufstieg, da Feuchtigkeit vorhanden

⇨ Kondensationswärme im Paket kompensiert die Temperaturabnahme um ca. **0,5K/100m** ⇨ Temperatur nimmt mit weniger Druck nicht so schnell ab

4.2.2 Stabile Schichtung

Luft in einem Luftpaket ist kälter als die Umgebungsluft:

- Luftmoleküle im Paket sind dichter als in Umgebungsluft aneinander gedrängt
  ⇨ mehr Moleküle/Flächeneinheit als in umgebender Luft
- Luftpaket ist schwerer und dichter ⇨ **Absinken** (bis Umgebungsluft kälter/gleich warm)
  = **stabile Schichtung**: Luftpaket kehrt immer wieder in seine Ausgangslage zurück

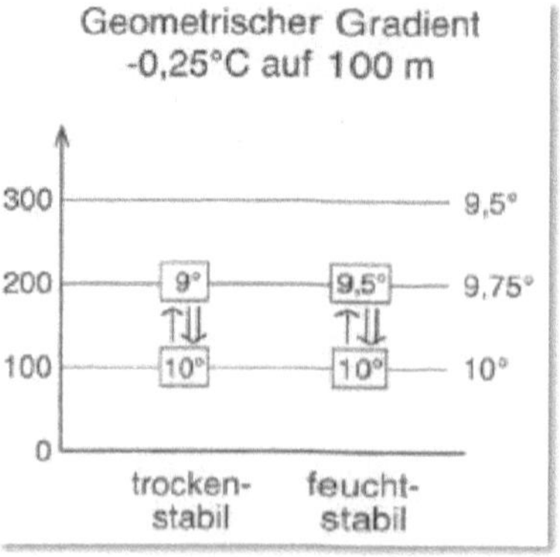

Zwischenstufe:

- trockenadiabatisches Luftpaket steigt hier nicht mehr auf, da es um 1K/100m abgekühlt wird
  ⇨ nach 100m Aufstieg kühler als Umgebung
  ⇨ Absinken in Ausgangsposition und Erwärmung
  ⇨ **trockenstabil**
- feuchtadiabatischer Aufstieg möglich, da Abkühlung nur um 0,5°K/100m
  ⇨ **feuchtlabil**

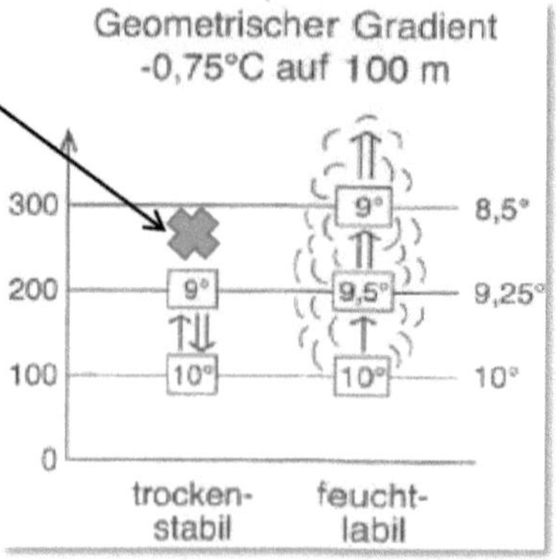

wichtig für Labilität/Stabilität bei allen Zuständen:

- **Fähigkeit zur Kondensation**
  ⇨ nein ⇨ trockenadiabatischer Aufstieg mit -1°K/100m
  ⇨ ja ⇨ feuchtadiabatischer Aufstieg mit -0,5°K/100m (wg. Freisetzung der Kondensationswärme)
- **Geometrischer Gradient**
  ⇨ geometrischer Gradient > adiabatischer Gradient ⇨ labile Schichtung
  ⇨ geometrischer Gradient < adiabatischer Gradient ⇨ stabile Schichtung

4.2.3 Indifferente Schichtung

Das Luftpaket ist genauso warm wie seine Umgebungsluft ⇨ es steigt weder auf noch ab

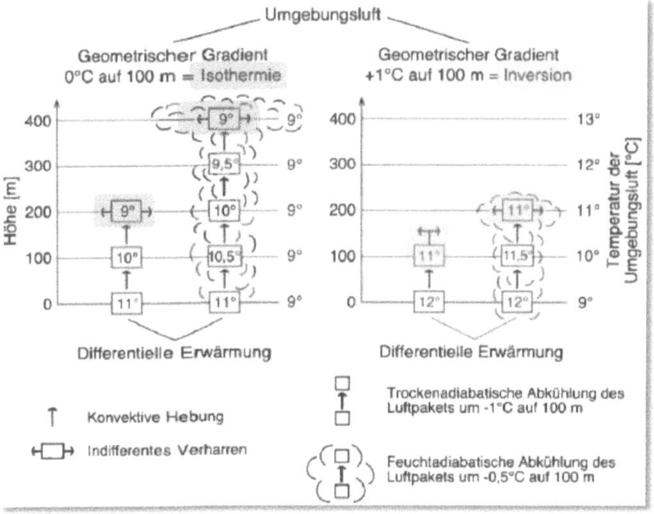

Isothermie	Inversion
Umgebungstemperatur bleibt mit zunehmender Höhe konstant	Umgebungstemperatur nimmt mit zunehmender Höhe zu (z.B. Passat-Inversion, Aufgleitinversion)
⇨ Luftpaket zeigt indifferentes Verhalten bei 9°C	⇨ stabile Sperrschicht bei 11°C ⇨ extrem stabile Schichtung

5 Globale Verteilung des geometrischen Temperaturgradienten

- **tropische Warmluft**
  - zwischen 25°N/S
  - thermisch homogen geschichtet
  - enge Scharung

Subtropenfront als Übergangszone

- **Frontalzone**
  - thermisch heterogen geschichtet
  - markante Abnahme der Lufttemperatur von den Subtropen bis in die hohen Mittelbreiten

Polarfront als Übergangszone

- **polare Kaltluft**
  - zwischen 60° und 90° N/S
  - thermisch homogen geschichtet
  - weite Scharung

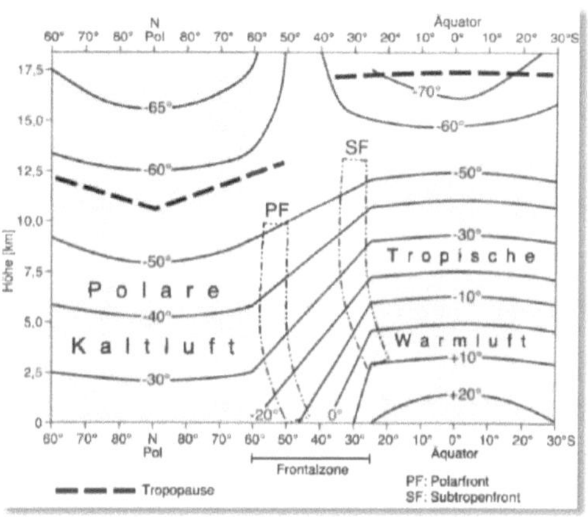

VI. Wasserhaushalt

1 Aggregatszustände von Wasser

Aggregatszustand

- temperatur- und druckabhängiger physikalischer Zustand von Stoffen
- bei Wasser: fest (Eis), flüssig (Wasser) und gasförmig (Wasserdampf)

Wasser kommt in drei Aggregatszuständen als Eis, Wasser oder Wasserdampf vor.

Wenn Wasser in einen anderen Aggregatszustand übergeht, wird **latente Wärme**

- **freigesetzt** (schwarze Pfeile) oder
- **absorbiert** (blaue Pfeile).

D.h. bei der Änderung des Aggregatzustands ändert sich auch die Wärmeenergie.

Bsp.: Verdunstung von Schweiß auf der Haut

- Energie wird benötigt
- Haut kühlt ab ⇨ kühlender Effekt

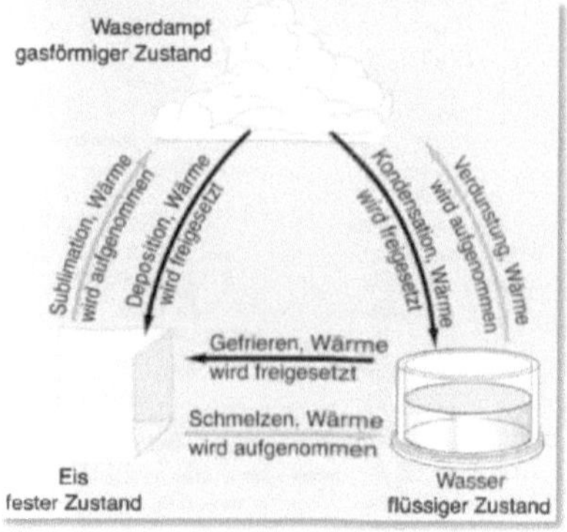

2 Globale Wasserverteilung

- 70,8% der Oberfläche der Erde ist von Ozeanen bedeckt
- gesamter Wasservorrat der Erde: 1,64 Mrd. km³
  ⇨ 1,46 Mrd. km³ frei beweglich, Rest chemisch gebunden
- gesammelt in sog. Reservoiren oder „Speichern", die sich in ständigem Austausch befinden
- Speicher haben **Zufluss** und **Abfluss**, Wasser besitzt darin unterschiedliche **Verweildauer**

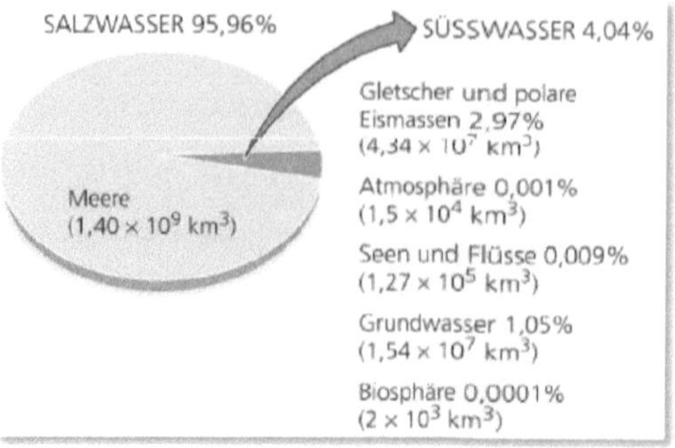

Bedeutung des Wasseranteils in der Atmosphäre (0,001%):

- Niederschlag
- Speisung der Süßwasserreservoires
- globaler Energietransport in Form von latenter Wärme von den Tropen in die höheren Breiten

3 Globaler Wasserkreislauf

Großer Wasserkreislauf	Kleiner Wasserkreislauf
•horizontaler Wasserdampftransport über weite Strecken (Austausch Ozean - Festland) •Hauptwasserversorgung der Kontinente •zentrale Bedeutung für Wärme- und Energiehaushalt der Erde	•horizontaler Wasserdampftransport über kurze Strecken •umfasst ausschließlich Festlandflächen •entscheidend für Versorgung bestimmter Ökosysteme, z.B. tropischer Regenwald

MEER	MEER	FESTLAND	FESTLAND
36 Abfluss vom Festland +398 Niederschlag über den Ozeanen	434 Verdunstung −398 Niederschlag	107 Niederschlag − 71 Verdunstung	107 Niederschlag − 36 Abfluss
434 Verdunstung	36 Überschuss gegenüber Festland ⇌	36 Abfluss	71 Verdunstung

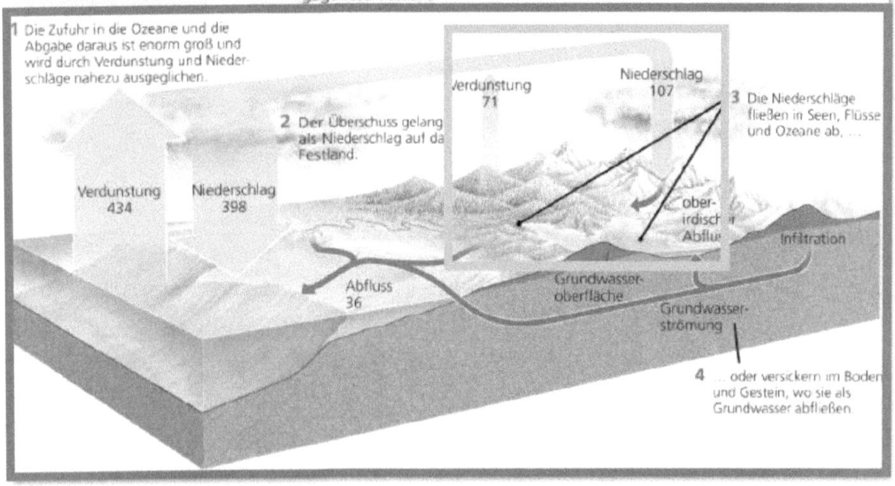

⇨ Einheit: 1000 km³ (Kubikkilometer)

⇨ über Ozeanen ist die Verdunstung ca. 6x und der Niederschlag ca. 4x so hoch als auf dem Festland

- insgesamt 496.000 km³ zirkulierendes Wasser
- atmosphärischer Wasserdampfgehalt: 13.000 km³

38 mal pro Jahr kompletter Austausch zwischen Erdoberfläche und Atmosphäre; alle **9-10 Tage** wird das Wasser komplett ausgetauscht

4 Transport von Wasser in die Atmosphäre

4.1 Verdunstung

Evaporation

- pssive Verdunstung von Wasser von einer nackten Oberfläche, z.B. unbewachsener Boden, Wasser, Hausdach

Interzeption

- Sonderfall der Evaporation
- passive Verdunstung von Wasser auf Blättern und Zweigen von Pflanzen, ohne den Erdboden zu erreichen

Transpiration

- aktive Verdunstung von Wasser unter dem Einfluss aktiver Lebensvorgänge, z.B. Verdunstung von Pflanzenblättern, Schweiß von Menschen und Tieren

Evapotranspiration

- Evaporation + Transpiration

- zur Verdunstung wird Energie benötigt
  z.B. aus Solarstrahlung, Wärmevorrat der Luft, des Bodens oder des Wassers
- Abhängigkeit des Verdunstungsbetrags von:
  - Wasserverfügbarkeit
  - Wasserdampf-Aufnahmevermögen (temperaturabhängig, s.u.)
  - verfügbare (fühlbare) Wärmeenergie

Einfluss des Windes auf die Verdunstung:

Verdunstung nimmt mit steigender Windgeschwindigkeit zu, denn Wind transportiert wasserdampfgesättigte Luft und bringt kontinuierlich neue Luft, die noch Wasserdampf aus der Verdunstung aufnehmen kann.

4.2 Feuchtigkeit

Luftfeuchtigkeit / Feuchte

- in der Luft enthaltene Menge an Wasserdampf

- für jede Temperatur gibt es eine Obergrenze der Feuchtigkeitsmenge, die die Luft aufnehmen kann = **Sättigungsmenge**
- je wärmer die Luft, desto mehr Feuchtigkeit kann sie aufnehmen (s. Diagramm unten)

relative Luftfeuchtigkeit / relative Feuchte

- Verhältnis vom aktuellen zum potentiell möglichen Wasserdampfgehalt der Luft [%]

- d.h. **Verhältnis** zwischen dem bei einer gegebenen Temperatur **vorhandenen Wasserdampfgehalt** und dem Wasserdampfgehalt, den die Luft bei dieser Temperatur **maximal enthalten könnte**
- (wasserdampf-)**gesättigte Luft** hat einen Wert von **100% relativer Luftfeuchtigkeit**

⇨ zwei Ereignisse können die relative Luftfeuchtigkeit ändern: **Verdunstung** und **Temperaturänderung**

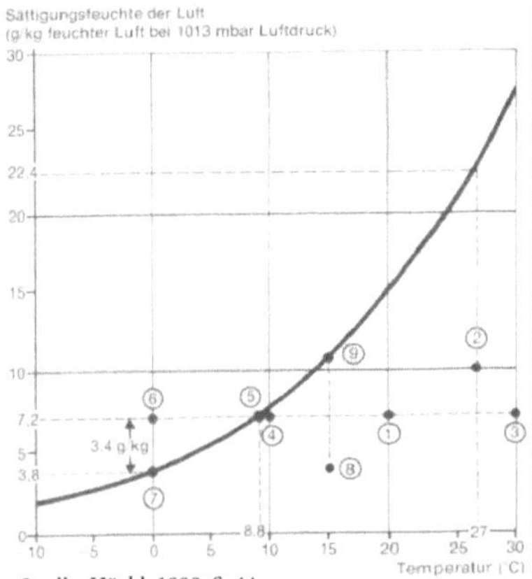

Quelle: Häckl, 1990, S. 44

Senkung der Temperatur

- Anstieg der relativen Feuchte (kalte Luft kann nicht so viel Wasserdampf halten)
- weitere Abkühlung führt zur **Kondensation**

Erhöhung der Temperatur

- Senkung der relativen Feuchte (Luft kann mehr Wasserdampf speichern)
- Luft wird trockener bei Temperaturerhöhung

Bsp.:

- bei ①: 20°C, 7,2 g/kg Feuchtigkeit
  ⇨ rel. Luftfeuchtigkeit 50%
- Abkühlung der Luft auf 0°C
  ⇨ Luft kann nur noch 3,8 g/kg halten
  ⇨ 3,4 g/kg müssen abgegeben werden

Taupunkt

- Temperatur, bei dem eine feuchte Luftmasse zu 100% gesättigt ist
- **Unterschreitung** des Taupunkts führt zur **Kondensation**

Kondensation

- Übergang von gasförmigem zu flüssigem Zustand (Energiefreisetzung)

Beispiel: Wasserperlen an der Außenseite eines Glases:

- Glas gefüllt mit kühler Flüssigkeit
- Temperatur in der Nähe des Glases nimmt ab und fällt unter den Taupunkt
- Kondensation am Glas, da die Luft zu kalt ist, um den Wasserdampf zu halten ⇨ Wasserperlen

spezifische Feuchtigkeit / spezifische Feuchte

- Masse an tatsächlich enthaltenem Wasserdampf [kg] pro Luftmasse [kg]

- spezifische Feuchtigkeit und Sättigungsmenge sind Maß für die Wassermenge, welche der Atmosphäre in Form von Niederschlag entzogen werden kann
  - kalte Luft: wenig Schnee/Regen
    z.B. antarktische spezifische Feuchte: 0,2g/kg
  - warme Luft: große Mengen Regen
    z.B. äquatoriale spezifische Feuchte: 18g/kg

4.5 Weltweite Werte für die spezifische Luftfeuchtigkeit und Temperatur *Nordpol-Südpol-Profile für die spezifische Feuchte (oben) und Temperatur (unten) zeigen eine ähnliche Entwicklung, da die Fähigkeit der Luft, Wasserdampf zu halten, temperaturabhängig ist. (Nach Daten von J. von Hann, R. Süring und J. Szava-Kovats in Haurwitz und Austin, Climatology.)*

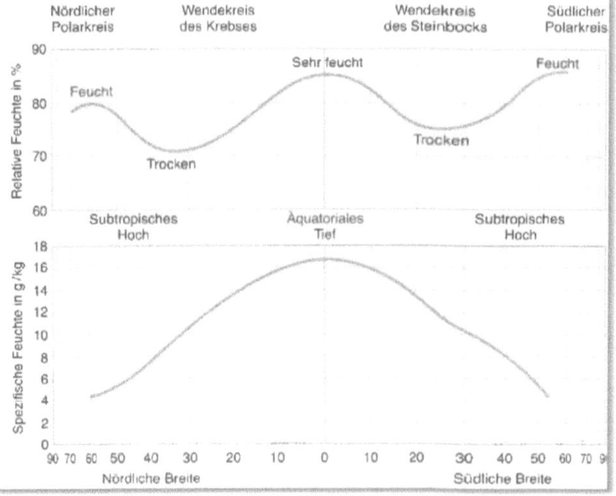

5 Die klimatisierende Eigenschaft von Wasser

Boden

⇨ erwärmt sich schneller als Wasser bzw. benötigt für die selbe Temperatur weniger Energie

Wasser

⇨ erwärmt sich langsamer als Boden bzw. benötigt für die selbe Temperatur mehr Energie

⇨ kann bei Abkühlung mehr Energie abgeben als Boden

Ozean als Wärmespeicher

- **Ausgleich** von Tages- und Jahresschwankungen der Temperatur
- durch **Meeresströmungen** gelangen große Wärmemengen von wärmeren in kältere Klimagebiete

Luft als Wärmespeicher

- mit dem von der Luft beförderten Wasserdampf werden riesige Mengen Energie befördert, die bei der Kondensation in Form von Wärme wieder verfügbar werden:
  Wasserdampf transportiert latente Wärme ⇨ Kondensation ⇨ Erwärmung
- in den Ozeanen der Subtropen verdunstet sehr viel Wasser
  ⇨ entstehender Wasserdampf enthält riesige Mengen latenter Energie
  ⇨ Transport in kühlere Regionen der Erde und Kondensation zu Regen und Wolken
  ⇨ latente Energie wird frei und trägt zur Erwärmung dieser Zonen bei

VII. Wolken und Niederschlag

1 Adiabatik und Kondensation

Adiabatischer Prozess (Wdh.)

- Abnahme des Luftdrucks mit zunehmender Höhe
- aufsteigende Luft kann sich ausdehnen
- Moleküle des Gases entfernen sich weiter voneinander und bewegen sich langsamer
- Verringerung der fühlbare Wärme des sich ausdehnenden Gases

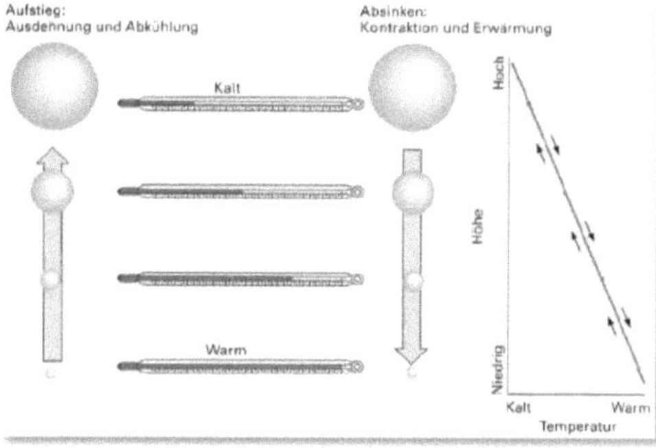

Das adiabatische Prinzip besagt, dass ein Gas durch **Kompression erwärmt** und durch **Expansion abgekühlt** wird. Die **Temperatur** eines Gases ändert sich ausschließlich durch die **Druckänderung**, nicht durch Zufuhr oder Entzug von Wärmeenergie.

trockenadiabatische Rate

ca. 10°C / 1000m

⇨ beim Aufstieg findet **keine Kondensation** statt

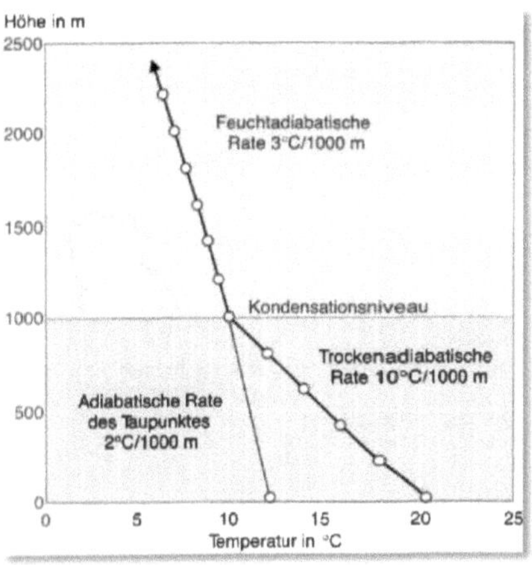

feuchtadiabatische Rate

ca. 3°C – 6° / 1000m

⇨ beim Aufstieg findet **Kondensation** statt:

- Taupunkt wurde überschritten
  ⇨ Wasserdampf der Luft kondensiert
  ⇨ Wolkenbildung
- Kondensationswärme wird frei und kompensiert die Abkühlung des Luftpakets
- Kondensationsniveau bei 10°C erreicht (= Taupunkt)
- „Knick" der Temperaturabnahme bei 10°C, denn Kondensationsenergie wird frei und wirkt der Abkühlung entgegen
  ⇨ „Kondensationsheizung" bei feucht-adiabatischem Aufstieg

nicht mehr in der Abbildung enthalten:

- je mehr Wasserdampf bereits kondensiert ist, desto schwächer wird die „Kondensationsheizung"
- ist der gesamte Wasserdampf kondensiert, steigt das Luftpaket wieder trockenadiabatisch

2 Wolken

⇨ Erde im Mittel zu 50% mit Wolken bedeckt

Wolke

- dichte Masse schwebender Wasser- oder Eispartikel
- bildet sich um einen hygroskopischen (=wasserziehenden) Feststoff, z.B. Salzkern

Temperatur und Aggregatszustand von Wolken

0° bis -12°C
- überwiegend "unterkühlte" Wassertröpfchen

➡

-12° bis -30°C
- Gemisch aus Wassertröpfchen und Eiskristallen

➡

ab -30°C
- überwiegend Eiskristalle

➡

ab -40°C
- alle Partikel Eiskristalle

Klassifizierung von Wolken

⇨ **nach Form**

- **Stratuswolken** (Schichtwolken)
  - bilden Decken über große Gebiete
  - aufsteigende Luftschicht ⇨ Abkühlung ⇨ kontinuierliche Kondensation über großem Gebiet
- **Kumuluswolken** (Haufenwolken)
  - runde Formen, meist höher als breit
  - blasenförmige Pakete wärmerer Luft
  - Nimbokumulus, wenn Regen aus ihr fällt

⇨ **nach Höhe** (4 Wolkenfamilien)

- **hohe Wolken (A)**, 6-12 km: **Zirrus**
  - bestehen aus Eiskristallen
  - dünne, federförmige Wolke Streifen oder Bänder am Himmel
  - auch Zirrostratus, Zirrokumulus (= Schäfchenwolken)
- **mittlere Wolken (B)**, 2-6 km: **Altostratus** und **Altokumulus**
- **niedrige Wolken (C)**, bis 2 km: **Stratus**, **Nimbostratus**, **Stratokumulus**
- **Kumuluswolkentypen (D)** können durch eine große Höhenspanne hindurchreichen

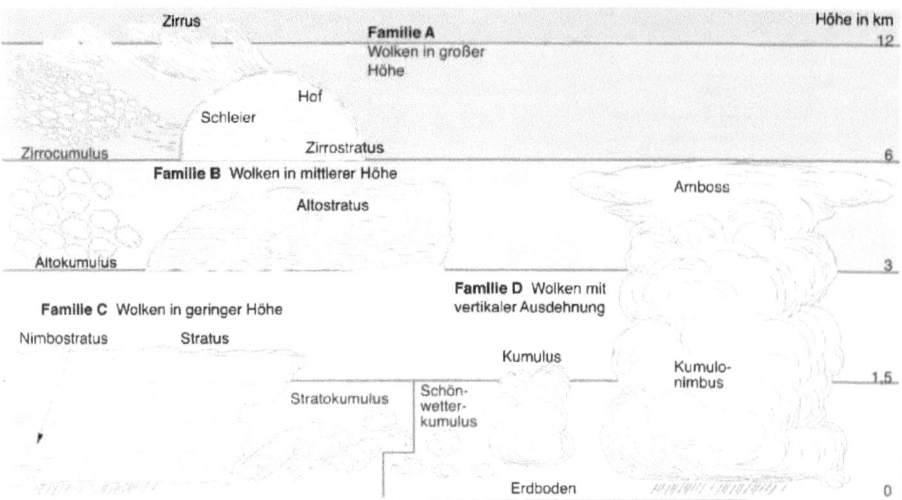

In **warmen Wolken**, die aufsteigen, wachsen die Wassertröpfchen durch Kondensation, später kollidieren sie und vereinigen sich zu Regentropfen.
In **kälteren Wolken** wachsen Eispartikel durch die Kollision von unterkühlten Wassertröpfchen, die bei Kontakt gefrieren.

3 Nebel

Nebel

- Wolkenschicht, die in Kontakt mit der Land- oder Meeresoberfläche steht oder sehr nahe an diese Oberfläche heranreicht

Unterscheidung

- **Inversionsnebel** bei Temperaturinversion in Bodennähe
- **Advektionsnebel** (auch „Berührungsnebel")
  - Advektion (= Heranführung) von feuchtwarmer Luft von dem Meer oder von wärmeren Regionen in kältere Gebiete über eine kalte Unterlage (z.B. Schneebedeckung)
  - Abkühlung der unteren Schichten der Warmluft
    ⇨ Kondensation der darin enthaltenen Feuchtigkeit und Nebelbildung
  - Bsp.: Küstennebel, Meernebel, Neufundlandnebel; auch häufig Nebel in Mitteleuropa in den Wintermonaten

4 Niederschlag

Formen des Niederschlags

- Regen
- Schnee / Hagel (aus größeren Eiskügelchen)
- Graupel (Regel fällt durch kältere Luftschichten)

Entstehung von Niederschlag

- Anwachsen von Wolkenteilchen ⇨ Zunahme an Gewicht
- Wolkenteilchen können nicht mehr gegen die Schwerkraft in Schwebe gehalten werden
  ⇨ Niederschlag

4.1 *Klassifizierung von Niederschlag*

⇨ Niederschlag entsteht durch den Aufstieg feuchter Massen, der folgendermaßen ausgelöst werden kann:

Orographischer Niederschlag	Konvektiver Niederschlag	Zyklonaler Niederschlag
•Gebirge •ausgelöst durch erzwungene Hebung an einem Hindernis	•v.a. in Tropen •aufsteigende Luft durch starke Erwärmung	•auch "advektiver Niederschlag" •z.B. an Warmfronten

⇨ am Äquator: Konvergenz der Passate und Konvektion durch starke Erwärmung

⇨ Westwindzone: warme Luft trifft auf kalte Luft und muss aufsteigen

4.1.1 Orographischer Niederschlag

- Luft trifft auf ein Hindernis, z.B. Gebirgskette
  ⇨ Luft muss aufsteigen, um die Barriere zu überwinden
- Abkühlung gemäß der adiabatischen Rate:
  - trockenadiabatisch bis zum Erreichen des Kondensationsniveaus (1-2)
  - freuchtadiabatisch bis zur Spitze des Gebirgskamms (2-3)
    ⇨ Kondensation, Wolkenbildung & Niederschlag

nach Überschreitung des Gebirgskamms:

- Absinken der Luft auf der Lee-Seite
- trockenadiabatische Erwärmung der Luft (3-4)
  (trockenadiabatische Erwärmung auf Leeseite> feuchtadiabatische Abkühlung auf Luvseite!)
- keine Feuchtigkeitszufuhr
  ⇨ Luft ist trocken (Bsp. Föhn)
  ⇨ Wüstenbildung im Lee

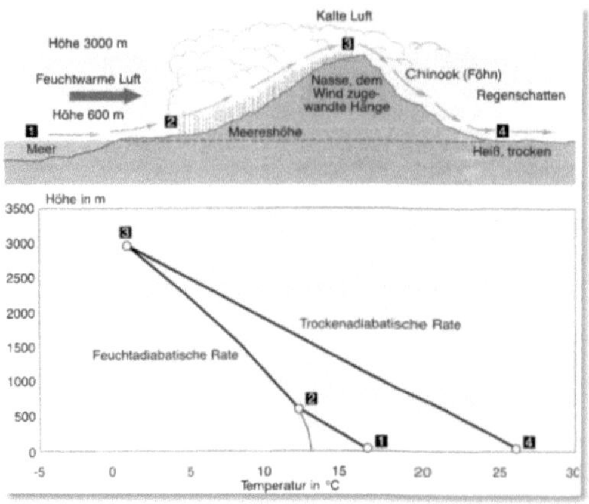

Bsp.: Chinook (USA)

- trockene, warme Fallwinde
- Folge: schnelle Verdunstung des Schnees bzw. der Bodenfeuchtigkeit

4.1.2 Konvektiver Niederschlag

- Aufstieg von blasenartigen warmen Luftkörpern (Kumuluswolke), z.B. durch differentielle Erwärmung
- adiabatische Abkühlung der Luftzelle beim Aufstieg
- Temperatur erreicht Taupunkt
  ⇨ Kondensation, Wolkenbildung & Niederschlag
- Konvektion verursacht auch **Gewitter**

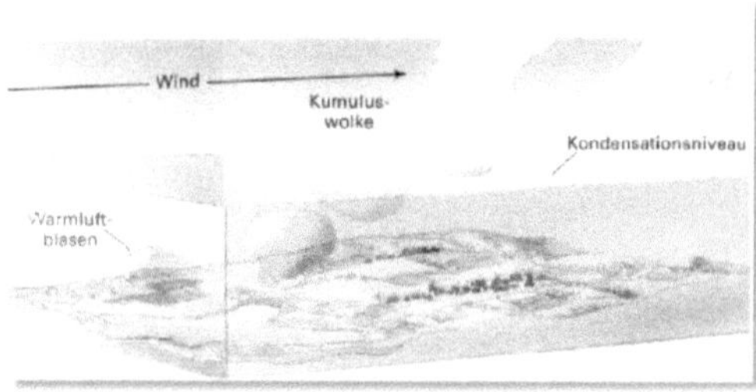

4.2 Mittlerer jährlicher Niederschlag und Typen des Jahresgangs

⇨ **Jahressummen** ändern sich auffallend mit geographischer Breite:

zwei Maximalzonen	zwei Minimalgebiete
① **Gürtel der inneren Tropen (15° S - 20° N)** ⇨fast die Hälfte des globalen Niederschlag	① **Tropisch-Subtropische Trockengebiete** Stabilität der Atmosphäre ⇨ kein konvektiver NS
② **Mittelbreiten (45° - 60° N/S)** Warm- und Kaltfronten ⇨ hohe NS	② **Polarräume** Wasserdampfarmut wegen Kälte

⇨ **Jahrestypen** des Niederschlags

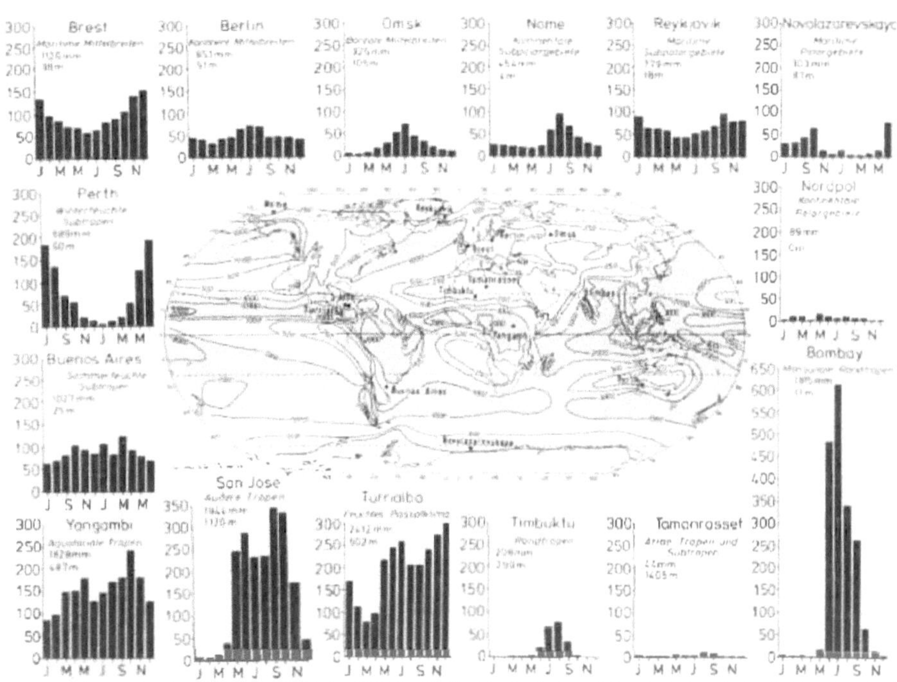

Äquatorialer Typ (Bsp.: Yangambi)	• Niederschlag zu allen Jahreszeiten • 2 Maxima (nach Sonnenhöchstständen) und 2 kleine Minima (an Solstitien) • konvektiver NS durch Zusammenströmen der Passate und Aufstieg; Verstärkung an den aufsteigenden Ästen der äquatorialen Walker-Zirkulation	
Typ der äußeren Tropen (Bsp.: San José)	• zwei Regenzeiten im Früh- und Spätsommer	
Randtropentyp	• eine Regenzeit ⇨ wird zu den Wendekreise weniger intensiv und kürzer • eine Trockenzeit (Winter, ca. 7 Monate) • Unterscheidung: Monsuntyp (Bsp.: Bombay) ⇔ Passat-Typ (Bsp.: Turrialba)	
randtropisch-subtropische Trockengebiete (Bsp. Tamanrasset)	• unter Einfluss des Subtropenhochs • kalte Meeresströmungen an den Westküsten unterstützen die geringen NS	
Subtropischer Sommerregentyp (Bsp.: Buenos Aires) bzw. Winterregentyp (Bsp.: Perth)	Winterregen ⇨ Westseite d. Kontinente • Winter: Einfluss des zyklonalen Westwinddrifts ⇨ hohe NS • Sommer: Einfluss des subtrop. Hochs durch Verschiebung der ITC	Sommerregen ⇨ Ostseite d. Kontinente • ganzjährig NS: monsunähnliche Strömungen vom Meer zum Land • NS-Maximum im Sommer
ozeanischer Typ der Mittelbreiten (Bsp.: Brest) und kontinentaler Typ der Mittelbreiten (Bsp.: Berlin, Omsk)	Ozeanisch (Küstengebiete und Luv-Seiten von Gebirgen) • rel. regelmäßige NS-Verteilung über das Jahr • schwaches Maximum im Herbst/ Winter: erhöhte zyklonale Aktivität, da das Temperaturgefällte zwischen höheren und niederen Breiten besonders hoch ist	Kontinental • NS zu allen Jahreszeiten • geringere NS-Durchschnittswerte als beim maritimen Typ • erhöhter NS im Sommer: hoher Wasserdampfgehalt der Atmosphäre wegen hohen Temperaturen und konvektive Effekte der stark erwärmten Binnenländer
ozeanischer und kontinentaler Subpolarer Typ (Bsp.: Reykjavik, Nome)	Ozeanisch: • s.o. • geringere Niederschlagssummen als in den Mittelbreiten	Kontinental • s.o. • geringere Niederschlagssummen als in den Mittelbreiten
Polarer Typ (Bsp.: Novolazarevskaya)	• lange Schneebedeckung ⇨ keine Unterscheidung maritim ⇔ kontinental • starke Niederschlagsabnahme um 70° N/S: ca. 300 mm • Winter- und Frühjahrsniederschläge vorherrschend	

5 Hypsometrische Verteilung des Niederschlags

⇨ zwei Grundtypen nach WEISCHELT (1965):

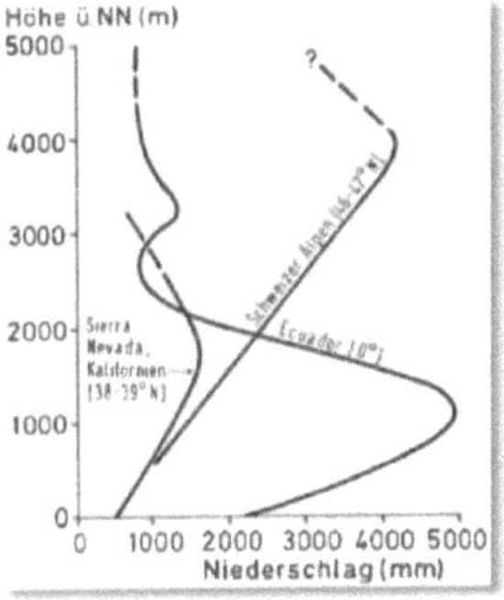

Advektionstyp (Mittelbreiten)

- Bsp. Schweizer Alpen
- max. NS zwischen 3.000 und 4.000 m
- Aufstieg advektiver, freuchter Luftmassen

Konvektionstyp (feuchte Tropen)

- Bsp. Ecuador
- max. NS zwischen 1.000 und 1.500 m
- weitere Kondensationsstufe(n) ⇨ charakteristische Vegetationshöhenstufen, z.B. Wolkenwälder

VIII. Luftdruck und Wind

1 Luftdruck

(↗ Kap. V, 4)

Luftdruck

- Kraft, die senkrecht auf die Oberfläche einer (gedachten) Luftsäule wirkt

⇨ Der Luftdruck hat fundamentale Bedeutung für das **Wettergeschehen** im Klimasystem, da von seiner Verteilung die **Entstehung von Luftbewegungen** (Wind) bis hin zur **atmosphärischen Zirkulation** abhängt.

2 Horizontale Druckgradienten und die Entstehung des Windes

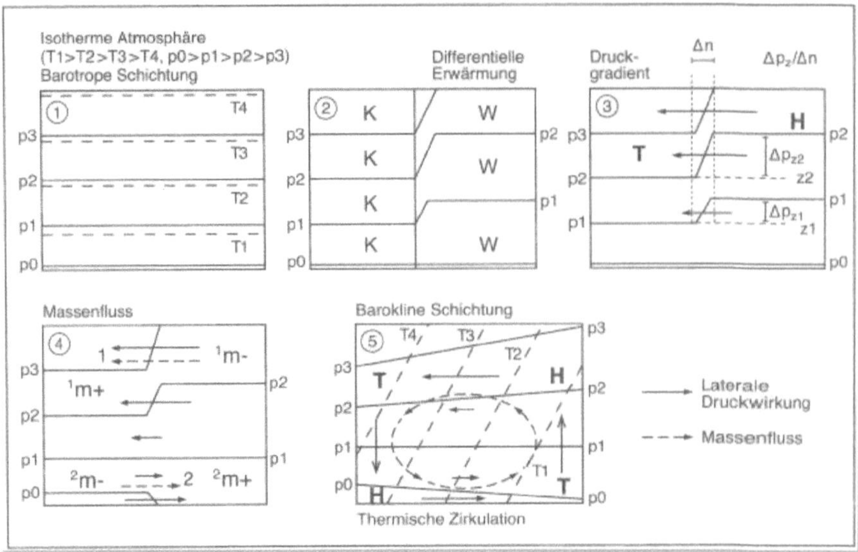

① Isotherme Schichtung der Atmosphäre: Isotherme und Isobare sind parallel
⇨ keine horizontale Luftbewegung

② **differenzielle Erwärmung**: stärkere Erwärmung der rechten Luftsäule

③ Ausbildung eines Druckgefälles zwischen Warm- (Hochdruck H) und Kaltluft (Tiefdruck T)
= **Druckgradient** (größer mit zunehmender Höhe)

④ Einsetzen der **Gradientkraft** (vom H zum T) und **horizontaler Massenfluss** (Wind)

⑤ Verlust von Luftmolekülen ⇨ Ausbildung eines bodennahen T in Warmluft und H in Kaltluft
⇨ bodennaher horizontaler Ausgleich (H ⇨ T)
⇨ vertikal gerichteter Ausgleich (H ⇨ T)
= **thermische Zirkulation**

} thermische Zirkulation gilt nur für kleinräumige Gebiete ohne großen Einfluss der Reibung oder Corioliskraft
(z.B. Land-/Seewind, Berg-/Talwind)

3 Lokale Windsysteme

3.1 Land-/Seewind

tageszeitliches Windsystem, das auf der unterschiedlichen Erwärmung von Land- und Wasserflächen beruht:

tagsüber:

- stärkere Erwärmung der Landflächen
- bodennahes Tief über dem Land
- bodennahes Hoch über dem Wasser

⇨ **Seewind** (vom Meer zum Land)

nachts:

- stärkere Auskühlung der Landflächen
- bodennahes Hoch über dem Land
- bodennahes Tief über dem Wasser

⇨ Landwind (vom Land zum Meer)

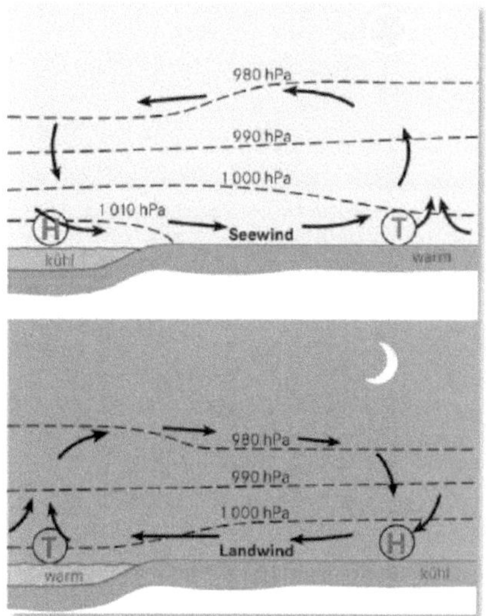

Land-/Seewind-Systeme sind generell in den **niederen Breiten stärker ausgeprägt** und erreichen höhere Windgeschwindigkeiten, da dort der Druckgradient insbesondere tagsüber höhere Werte erreicht.

3.2 Hangwind

Hangwindzirkulation an **Gebirgshängen**

tagsüber:

- differentielle Erwärmung aufgrund von
  - unterschiedlichen Hangneigungen (Hänge erwärmen sich schneller als Ebenen)
  - Exposition (südexponierte Hänge erwärmen sich schneller)
- Ausbildung eines Tiefs am Hang relativ zur freien Atmosphäre

⇨ **Hangaufwind**

nachts:

- stärkere Auskühlung der Hänge
- Ausbildung eines Hochs am Hang relativ zur freien Atmosphäre

⇨ **Hangabwind**

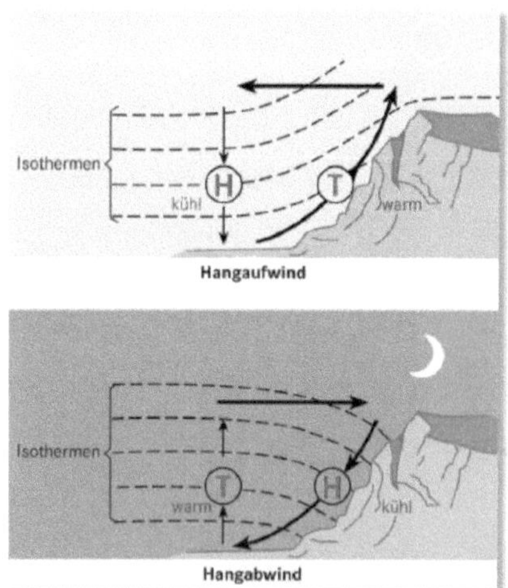

Quelle: Gebhardt/Glaser/Radtke/Reuber: *Geographie*. 1. Aufl. 2007 Elsevier GmbH

3.3 Berg-Tal-Windsysteme

a) Lage nach Sonnenaufgang
   - Einsetzen der Hangaufwinde (rote Pfeile)
   - Bergwind (blaue Pfeile, vom Berg ins Tal) ist aber noch im Gang, da es am Berg (höher) kälter ist als im Tal

Berg-Tal-Windsystem & Hangwindsystem

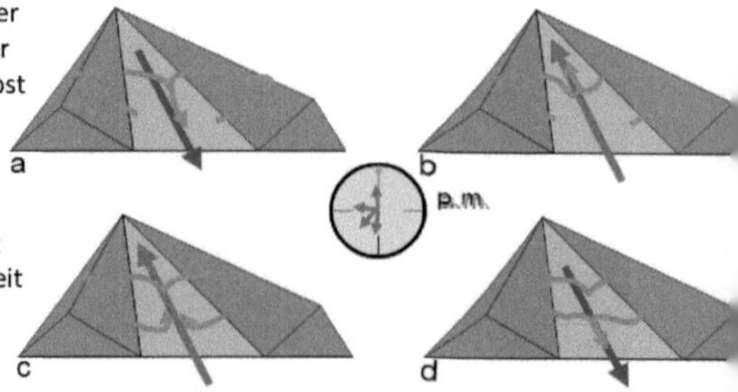

Quelle: http://images.slideplayer.org/11/3305968/slides/slide_16

b) Lage am Mittag
   Mit zunehmender Erwärmung stirbt vormittags der Bergwind und wird von einem Talwind ersetzt, der einerseits den Hangaufwind speist, aber auch selbst Zufuhr aus der Hangwindzirkulation erhält

c) Lage am Abend
   Am Abend setzt der Hangabwind ein, dessen jetzt aufsteigender Ast über der Talmitte noch kurze Zeit den Talwind unterstützt

d) Lage um Mitternacht
   Bei fortschreitender Abkühlung in der Nacht setzt der Hangabwind ein, der Zufluss vom Bergwind erhält

3.4 Orographische Fallwinde – der Föhn

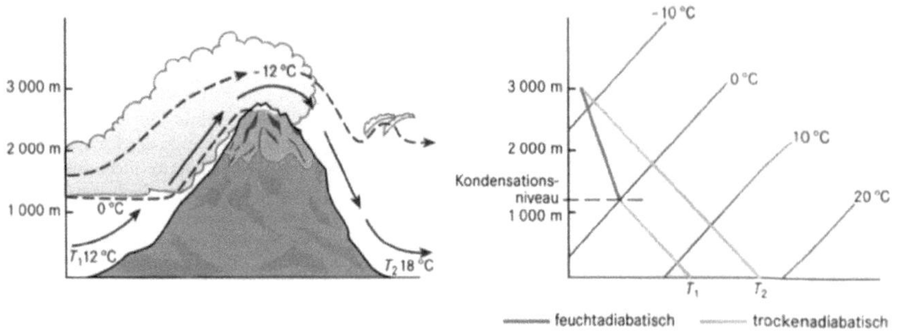

Quelle: Glaser R. 2007. Klimageographie. In Gebhardt, H/Glaser, R./Radtke U./Reuber, P. (Hrsg.) 2007. Geographie. Physische Geographie und Humangeographie. Heidelberg, S. 233

IX. Die planetarische Zirkulation

1 Grundelemente der planetarischen Zirkulation

Die horizontale Verteilung der Strahlung ist nicht ausgeglichen, sondern wird im Jahresmittel bei etwa 40° Breite negativ

⇨ Transport von fühlbarer und latenter Wärme aus den niederen Breiten notwendig, um diese Defizite auszugleichen (= **globale atmosphärische Zirkulation**)

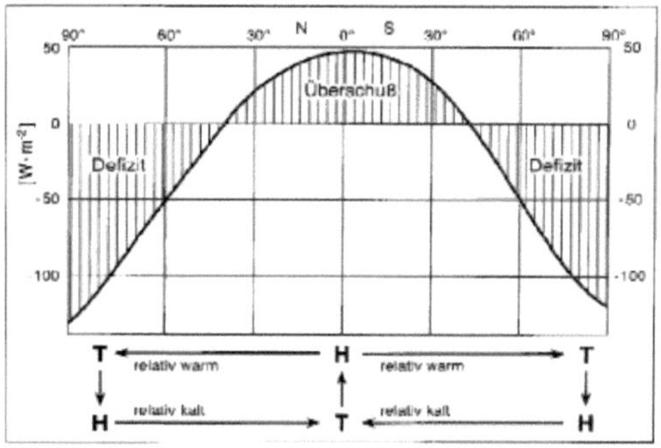

Abb. 9.1: Mittlere meridionale Strahlungsbilanz und potenzielle thermische Ausgleichszellen (verändert nach KLAUS 1989)

Lauer (2004), S. 107

Würde die Erde **nicht rotieren**, so wäre an der globalen Zirkulation nur die **Gradientkraft G** beteiligt:

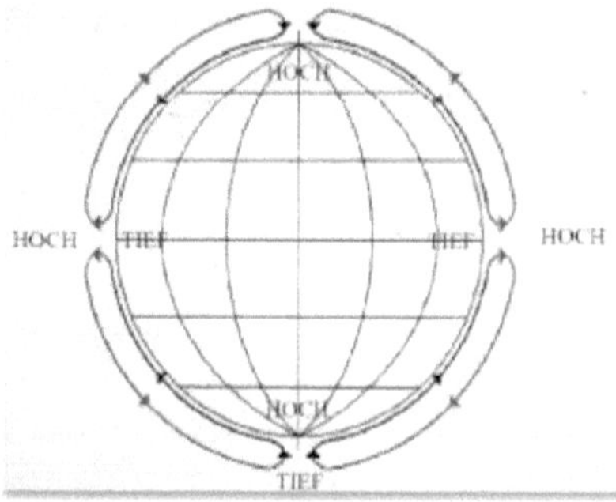

Allerdings sind die tatsächlichen Verhältnisse in der Atmosphäre wesentlich komplexer, da die Bewegung von Luftpaketen im Störmungsfeld durch ein Zusammenspiel mehrerer Kräfte bestimmt wird. Diese sind:

Gradientkraft G
- Ausgleichskraft vom Hochdruck zum Tiefdruck (H ⇨ T), kleinräumig wirksam

Corioliskraft C
- Ablenkung von Luft aufgrund der **Erdrotation** (NHK ⇨ rechts, SHK ⇨ links)
- wirkt immer im rechten Winkel zur Bewegungsrichtung und nimmt mit zunehmender geographischer Breite zu

Zentrifugalkraft Z
- vom Rotationszentrum weggerichtete Kraft

Reibungskraft R
- wirkt entgegen der Bewegungsrichtung (Bremswirkung)
- wirkt v.a. in der unteren Troposphäre

Schwerkraft

⇨ **kein direkter meridionaler Energieaustausch zwischen Äquator und Pol**:

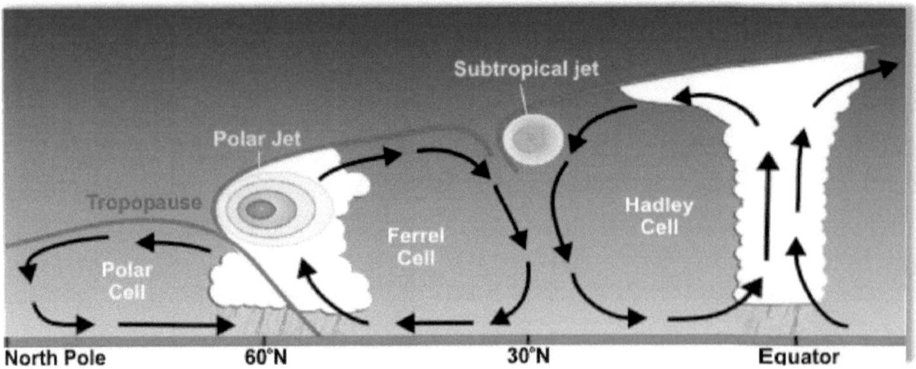

Quelle: http://wiki.bildungsserver.de/klimawandel/upload/Jetstream_Profil.jpg

Hadley-Zelle (0°-30°) als meridionale Zirkulationszelle:

- in der Höhe: Verlagerung von rel. warmen Luftmassen vom Äquator in Richtung der Wendekreise
- am Boden: Verlagerung von rel. kühlen Luftpaketen Richtung Äquator

Polarzelle (60°-90°) als meridionale Zirkulationszelle:

- am Boden: Verlagerung von kalten Luftpaketen aus dem Polarhoch in Richtung der Mittelbreiten
- in der Höhe: umgekehrte Strömungsrichtung von den Mittelbreiten zum Pol

Mittelbreiten (30°-60°): meridionaler Energieaustausch wegen Corioliskraft größtenteils unterbunden

- zonal (West-Ost) ausgerichteter Grundstrom in der höheren Troposphäre
- Überlagerung durch **Oszillationen** (Wellen):
  - stehende Wellen (auch Rossby-Wellen) mit großer Wellenlänge (ca. 6.000 km)
  - kleine wandernde Wellenstörungen mit kürzerer Wellenlänge in der unteren Troposphäre
- Verlagerung von Warmluft aus den Hochdruckrücken der Subtropen polwärts
- Verlagerung von Kaltluft aus den Tiefdrucktrögen der höheren Breiten äquatorwärts

Zirkulationselemente der reibungsfreien Troposphäre

.1 *Corioliskraft und geostrophischer Wind*

orioliskraft (C):

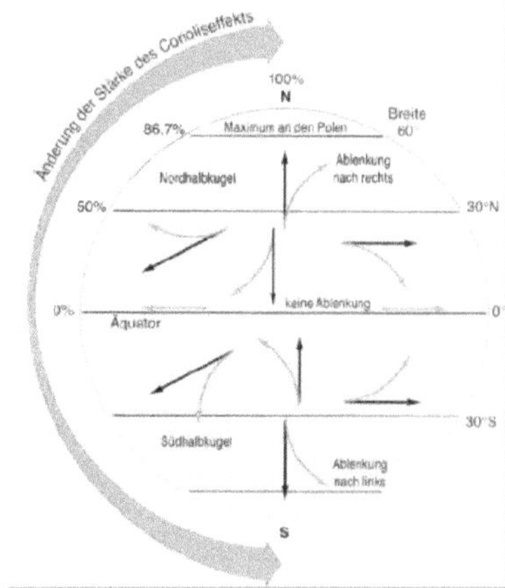

- hervorgerufen durch **Erdrotation**
- abhängig von Windgeschwindigkeit und geographischer Breite:
  - C nimmt mit **geographischer Breite** zu
    ⇨ am Äquator ist C = 0
  - C nimmt mit zunehmender **Windgeschwindigkeit** (also ansteigendem **Druckgradienten**) zu
- Ablenkung von Luftmassen durch C:
  - auf der NHK nach rechts
  - auf der SHK nach links
- sowohl Winde als auch Meeresströmungen unterliegen der Corioliskraft

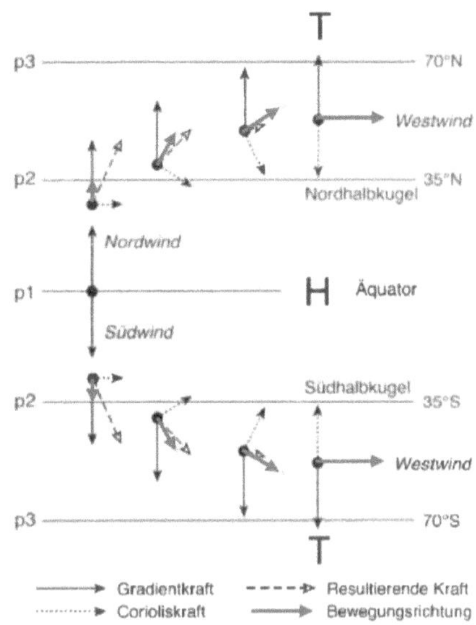

- **am Äquator**:
  - C = 0
  - G bestimmt die Bewegungsrichtung
- **in Äquatornähe**:
  - C gering
  - G dominiert Bewegungsrichtung
    ⇨ Nordwind auf NHK, Südwind auf SHK
    (= oberer Ast der Hadley-Zelle)
- **zunehmende geographische Breite**:
  - C wird stärker
  - zunehmende Ablenkung nach Osten
- **Frontalzone**:
  - C = G (C und G im Gleichgewicht)
  - isobarenparalleler **Westwind**
    (= **geostrophischer Wind**)

Geostrophischer Wind

- isobarenparalleler Wind in höheren Schichten der Troposphäre (d.h. ohne Reibungseinfluss)
- keine Änderung der Richtung und Geschwindigkeit, weil G = C

⇨ unterbindet den meridionaler Energietransport zwischen Äquator und Pol
aber: das ideale geostrophische Windfeld, das einen globalen Energieaustausch verhindern würde, wird von weiteren Kräften modifiziert (z.B. Zentrifugalkraft, Reibung, Schwerkraft)

2.2 Gradientwind bei kreisförmigen Isobaren

⇨ **Isobaren** in der realen Atmosphäre meist nicht geradlinig, sondern **gekrümmt** oder sogar annähernd **kreisförmig** im Bereich von Hoch- und Tiefdruckgebieten:

- Hoch bzw. Tief im Zentrum
- geostrophischer Wind (= isobarenparallel!) würde kreisförmig um das Zentrum rotieren
  ⇨ bei rotierenden Systemen wirkt aber zusätzlich die **Zentrifugalkraft (Z)**

Gradientwind

- ageostrophische Zirkulation als Resultat von Gradient-, Coriolis- und Zentrifugalkraft (G, C, Z)

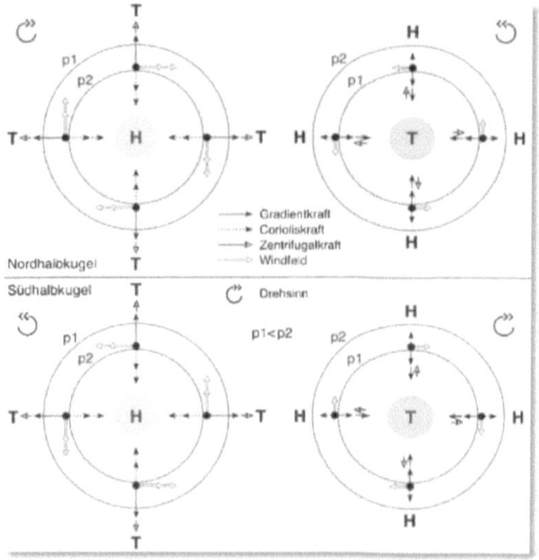

Hochdruckgebiet

- G wirkt nach außen
- Z wirkt **mit** (+) G,
  d.h. G und Z ergänzen sich

⇨ Gradientwind ist bei gekrümmten Isobaren **stärker** als der geostrophische Wind

⇨ **NHK**: Ablenkung nach recht; Drehung im Uhrzeigersinn
SHK: Ablenkung nach links; Drehung gegen Uhrzeigersinn

Tiefdruckgebiet

- G wirkt nach innen
- Z wirkt gegen (-) G,
  d.h. G und Z wirken entgegengesetzt

⇨ Gradientwind ist bei gekrümmten Isobaren **schwächer** als der geostrophische Wind

⇨ **NHK**: Ablenkung nach links; Drehung gegen den Uhrzeigersinn
SHK: Ablenkung nach rechts; Drehung im Uhrzeigersinn

⇨ auch durch den Gradientwind rotierender Zirkulationssysteme wird zwischen hohem und tiefen Luftdruck **kein horizontaler Ausgleich** in der Höhenzirkulation ermöglicht

2.3 Wellen in der Höhenströmung

- rein zonale Strömungen (West- oder Ostwinde) können relativ leicht ausgelenkt werden:
- Initialimpuls durch Hochgebirge bzw. enorme Temperaturgradienten auf kurze Strecke
  ⇨ lenken die geostrophische, isobarenparallele Höhenströmung ab:
- Herausbildung von wellenartigen, isobarenparallelen Stromlinien (z.B. stehende Wellen): **Höhenrücken** und **Tiefdrucktröge** entstehen letztlich dadurch, dass sich im Bereich der Wellenrücken und -täler Luftmassen unterschiedlicher Temperatur (und damit Dichte) gegenüber dem rein zonalen Grundstrom pol- bzw. äquatorwärts ausdehnen können.

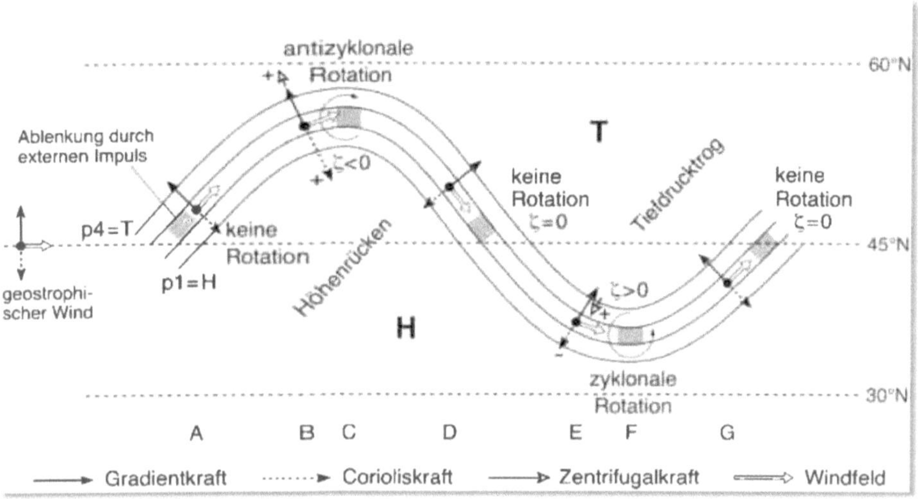

⇨ ein einmal **ausgelenktes Luftpaket pendelt** um eine zentrale Breite (in der Abb. 45° N) hin und her: Zusammenspiel insbesondere aus

- Zentrifugalkraft (setzt erst ein, wenn sich Luftpakete nord- oder südwärts bewegen)
- Gradientkraft
- Corioliskraft (nimmt mit zunehmender geographischer Breite zu!)

⇨ **Stromlinien** bilden ein mehr oder weniger ausgeprägtes **Wellen**muster aus

2.4 Massenträgheit bei konvergierenden und divergierenden Isobaren

in der realen Atmosphäre: **keine parallelen Isobaren**, sondern aufgrund der **differentiellen Erwärmung** (z.B. durch Land-/Wasserverteilung) **unterschiedliche Ausprägung der thermischen Schichtung** bis in die reibungsfreie obere Troposphäre

⇨ **engere Scharungen** der Isobaren in bestimmten Gebieten

⇨ Kennzeichen: starke Druckgradienten auf engstem Raum

⇨ bewirken **hohe Windgeschwindigkeiten**: Strahlströme, **Jet Streams**

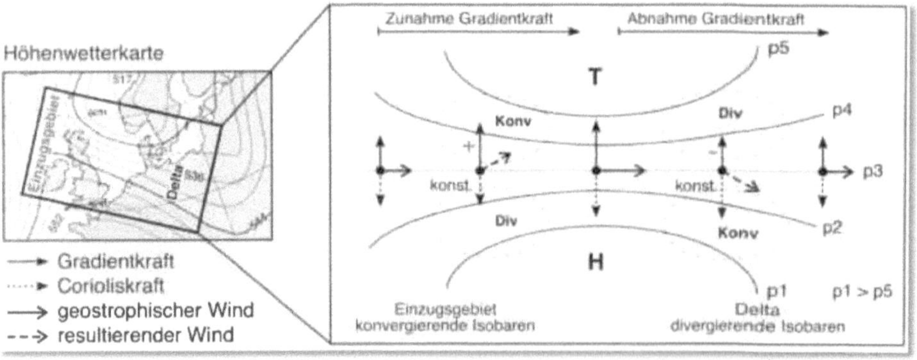

⇨ in bestimmten Bereichen werden meridionale Massentransporte im reibungsfreien Höhenwind möglich

- im Bereich der **konvergierenden** Isobaren (= **Einzugsgebiet** des Strahlstroms):
  - Druckgradient nimmt kontinuierlich zu ⇨ Gradientkraft nimmt kontinuierlich zu
  - Windgeschwindigkeit bleibt jedoch wegen Trägheitsgründen vorerst noch konstant
    ⇨ Corioliskraft ändert sich vorerst nicht

  ⇨ Übergewicht der Gradientkraft ⇨ Ablenkung nach **Nordost** (in Richtung des **Tiefs**)
- im Zentrum des Strahlstroms: Gleichgewicht zwischen G und C wird wieder erreicht
- im Bereich der **divergierenden** Isobaren (= **Delta**)
  - Druckgradient nimmt kontinuierlich ab ⇨ Gradientkraft nimmt kontinuierlich ab
  - Luftpakete behalten aber zunächst noch ihre hohe Windgeschwindigkeit
    ⇨ Corioliskraft bleibt zunächst auf konstant hohem Niveau

  ⇨ Übergewicht der Corioliskraft ⇨ Ablenkung nach **Südost** (in Richtung des **Hochs**)

Einfluss auf den Bodendruck

- im Einzugsgebiet (= polwärtige Zone der **Massenkonvergenz**, also Massenzufuhr):
  Bodendruck steigt an, da über dieser Fläche nun mehr Luftpakete ihren Druck ausüben
- im Delta (= äquatorseitige Zone der **Massendivergenz**, also Massenabfuhr):
  Bodendruck fällt ab, da in diesem Gebiet weniger Luftpakete ihren Druck ausüben

3 Zirkulationselemente unter Reibungseinfluss

Dissipation (= Reibung) in der unteren Troposphäre (**Peplosphäre**) als zentrale ageostropische Komponente:

⇨ zentrale Rolle für den Ausgleich von Druckgradienten und Wärmeenergie

3.1 Der geotriptische Wind bei geradlinigen, parallelen Isobaren

geotriptischer Wind

- Wind unter Reibungseinfluss

- Reibung wirkt entgegengesetzt zur Bewegungsrichtung ⇨ bremst den Wind ab
- Abbremsen hat Auswirkung auf das Gleichgewicht zwischen G und C: Wind wird **in Richtung des Tiefs** bzw. der Gradientkraft abgelenkt
- somit wird ein partieller Druckausgleich möglich
- größte Ablenkung in Bodennähe
- Ablenkungswinkel ist abhängig von
  - Reibung an der Oberfläche
  - Breitenlage (da C polwärts zunimmt)

  ⇨ In Bodennähe ist die Ablenkung am größten, in größeren Höhen nähert sich die Windrichtung sukzessive der geostrophischen an

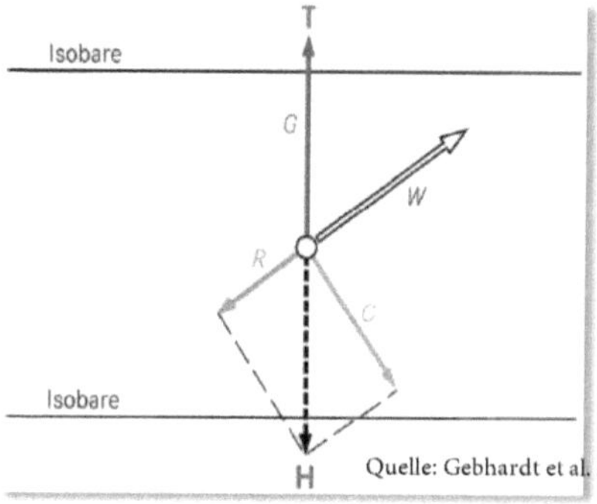

Quelle: Gebhardt et al. 2007

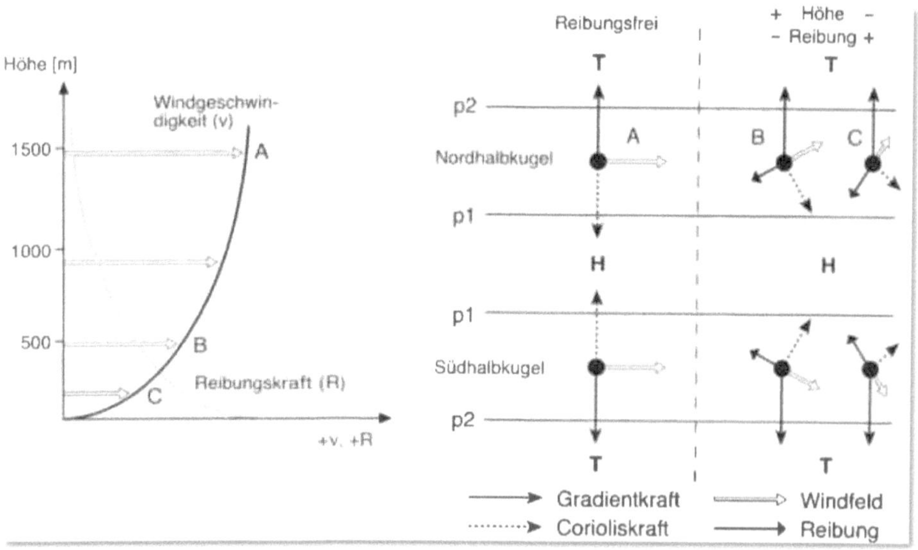

⇨ Die **Reibung** führt dazu, dass sich im Gegensatz zu den Verhältnissen in der freien Troposphäre **Druckunterschiede** in der **Peplosphäre** rasch **ausgleichen** können.

⇨ Möglichkeit zum **meridionalen Energieausgleich**

3.2 Der geotriptische Wind bei kreisförmigen Isobaren

⇨ neben Dissipation muss auch die **Zentrifugalkraft** berücksichtigt werden:

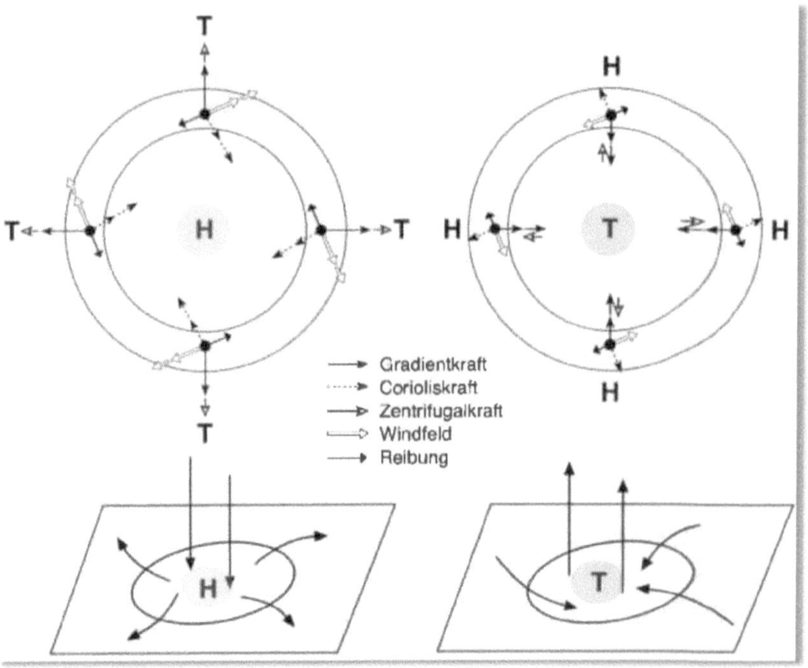

⇨ **Reibung** führt auch bei gekrümmten Isobaren zu einer **Ablenkung zum tiefen Druck**:

Hochdruck

⇨ **Massendivergenz** (= Ausströmen von Luftpaketen aus dem Hochdruckkern)

Tiefdruck

⇨ **Massenkonvergenz** (= Einströmen von Luftpaketen zum Tiefdruckkern)

Verbindung mit reibungsfreier Höhenzirkulation:

Hochdruck:

⇨ absteigende Luftbewegung wg. Massendefizit

⇨ Erwärmung der Luft beim Abstieg, Auflösung der Wolken

Tiefdruck:

⇨ aufsteigende Luftbewegung wg. Massenüberschuss

⇨ Kondensation der Luft beim konvektiven Aufstieg, Wolkenbildung und Niederschlag

Drehsinn (wie bei reibungslosem Gradientwind):

Hochdruckgebiete

divergentes, **antizyklonales** Ausströmen von Luft

- auf NHK: im Uhrzeigersinn
- auf SHK: entgegen Uhrzeigersinn

Tiefdruckgebiete

konvergentes, **zyklonales** Einströmen von Luft ins Tief

- auf NHK: entgegen Uhrzeigersinn
- auf SHK: im Uhrzeigersinn

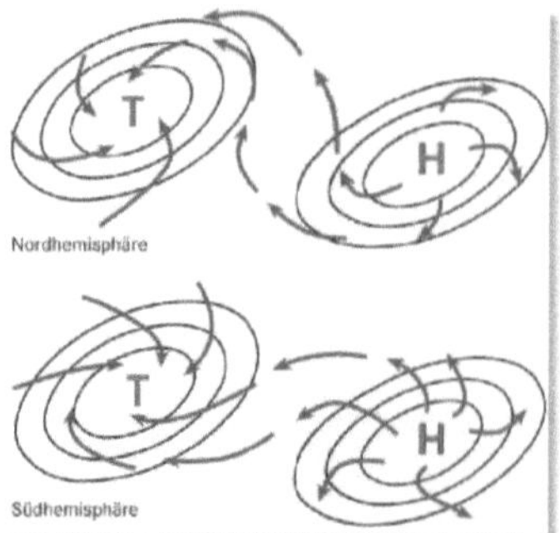

Quelle: Gebhardt et al. 2007

⇨ **großräumige Windsysteme:**

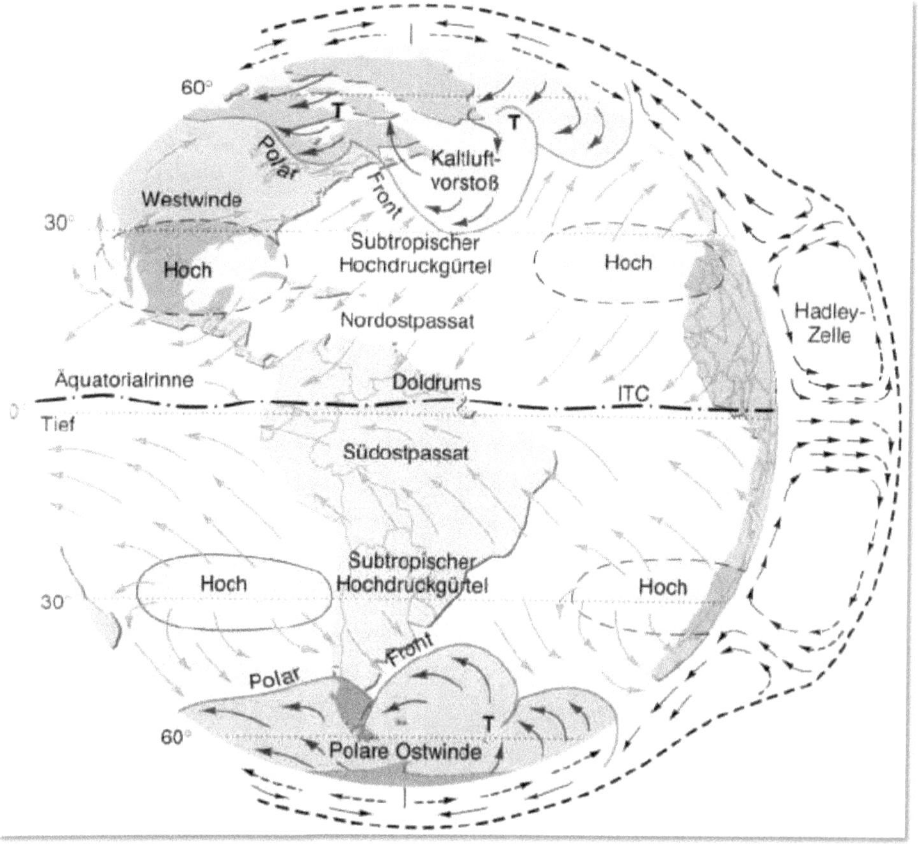

1. **Die außertropische Westwindzirkulation** der mittleren und hohen Breiten
   - im Mittel westlich-oszillierende Strömung
   - durchsetzt von stationären und wandernden Wellen
2. **Die tropische Passatzirkulation** in den niederen Breiten (zw. 35° N und 30° S)
   - Kennzeichen: Passatwinde am Boden aus NE bzw. SE
   - strömen von den subtropischen Hochdruckgebieten (Rossbreiten) beider Halbkugeln mit beständiger Geschwindigkeit gegen die innertropische Konvergenzzone (ITC)

Weitere großräumige **sekundäre Zirkulationsphänomene** (durch Inhomogenität der Erdoberfläche, Land/Wasser-Verteilung und Relief):

- **Die tropische Monsun-Zirkulation**
- **Die äquatoriale Zonalzirkulation** (Walker-Zirkulation)
- **Die Ostwindzirkulation** über den Polen der Erde

4.1 *Außertropische Westwindzirkulation*

4.1.1 Der Polarfrontjet

Die **Polarfrontzone** ist eine 100 bis 200 km breite, vertikal aufgerichtete, aber polwärts geneigte Fläche, in der Druck- und Temperaturflächen sich nicht mehr barotrop, d.h. gleichgeschichtet verhalten, sondern sich durch unterschiedliche dichte Druck- und Temperaturflächen schneiden und daher eine **barokline Instabilität** verursachen.

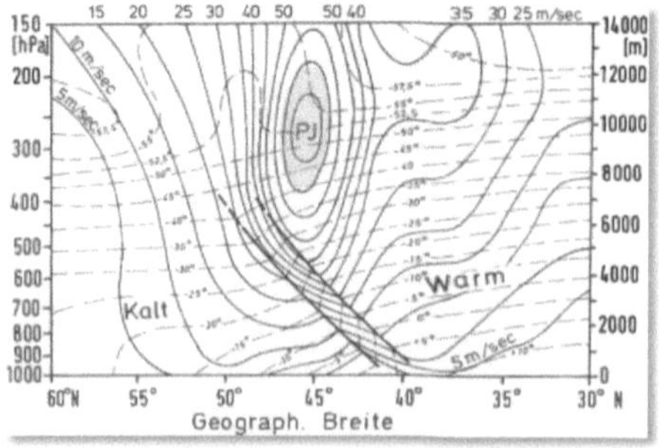

In diesem Bereich verläuft die **Grenzschicht** zwischen der **Kaltluft höherer Breiten und der Warmluft niederer Breiten**.

- **drastische Temperatur- und Druckabnahme** in der Frontalzone
  ⇨ starke Luftmassenbeschleunigung
- Druckgefälle nimmt mit der Höhe zu
  ⇨ höchste Windgeschwindigkeiten zwischen 150 und 500 hPa
  ⇨ Ausbildung des Polarjet (PJ)

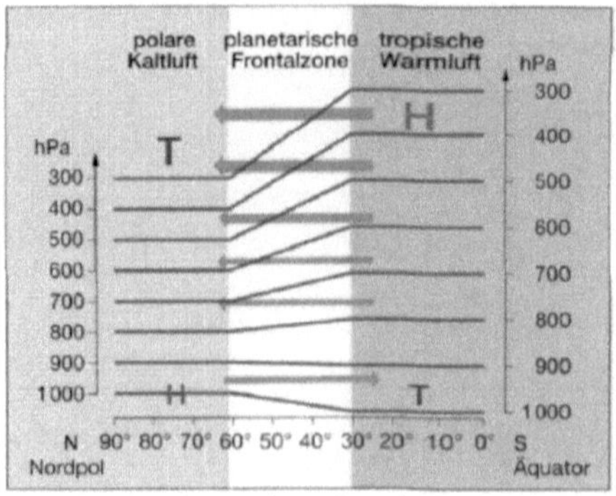

94.2 Planetarische Druckverteilung in der Atmosphäre

4.1.2 Stehende Wellen

⇨ regelmäßiges Mäandrieren der Westströmung in der Frontalzone benötigt einen **Anfangsimpuls**:

a) Temperaturunterschiede durch differentielle Erwärmung (Land-/Wasser-Verteilung)

⇨ Isotherme verlaufen nicht exakt breitenkreisparallel, sondern

- kontinentales Hitzetief im Sommer über großen Landmassen
- kontinentales Kältehoch im Winter über großen Landmassen

Bsp.: Westwindzone beginnt zu mäandrieren bei **Temp. gradient von 6°C** im Bereich von 500hPa

b) großräumige Geländeerhebungen (Kettengebirge) quer zur Zonalströmung (s. Abb.)

⇨ Einfluss reicht bis in die hohe Troposphäre

⇨ Entstehung langer Wellen an bestimmten Punkten der Erdoberfläche:

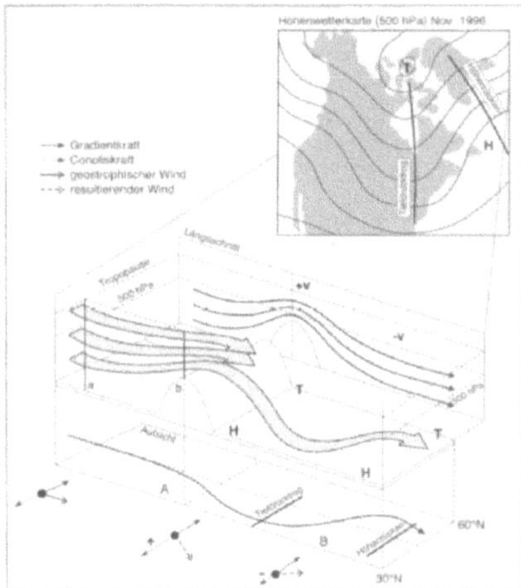

Beim Überströmen des Gebirges werden die Stromlinien zusammengepresst. Da nun eine identische Anzahl von Luftpaketen durch einen geringeren Querschnitt gezwängt werden, muss die Strömungsgeschwindigkeit ansteigen (= **Geschwindigkeitsdivergenz**).

⇨ **Anstieg der Corioliskraft**

Hinter dem Kettengebirge bleibt die Geschwindigkeit aus Trägheitsgründen einige Zeit hoch.

⇨ **Ablenkung** der Strömung **äquatorwärts (Tiefdrucktrog)**

Durch die beschriebene Ablenkung gelangt das Luftpaket in niederen Breiten unter den Einfluss abnehmender Corioliskraft. Gleichzeitig geht nun auch die Windgeschwindigkeit zurück. Die Gradientkraft bleibt konstant.

⇨ **Ablenkung** der Strömung **polwärts (Höhenrücken)**

⇨ Ausbildung von drei bis fünf stehenden Wellen

Aus der Wellenzirkulation können sich **Zyklonen** (aus Tiefdrucktrögen) und **Antizyklone** (aus Hochdruckrücken) abspalten

⇨ ***cut-off*-Effekt (D)**

Bedeutung: vorübergehende Blockierung des Westwinddrifts (***Blocking Action***)

⇨ Transport kalter Luft in niedere Breiten und warmer Luft in höhere Breiten

⇨ Westströmung wird nach Süden oder Norden umgelenkt

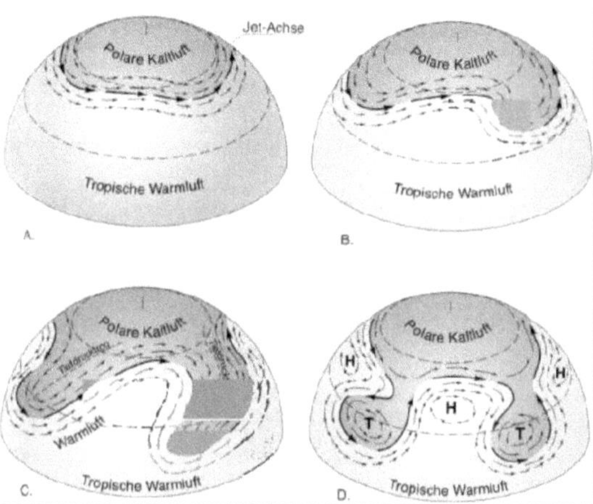

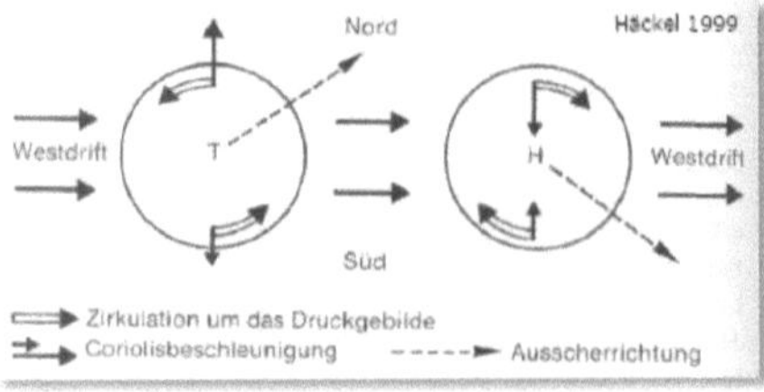

Ausscheren dynamischer Druckgebilde

- Ursache: Corioliskraft ist auf der Polseite des Druckgebildes größer als auf Äquatorseite
  ⇨ Tiefdruckgebiete nach Norden
  ⇨ Hochdruckgebiete nach Süden
- Folge:
  - **subpolare Tiefdruckrinne**, z.B. Island-Tief
  - **subtrop. Hochdruckgürtel**, z.B. Azoren-Hoch
    ⇨ begrenzen Westwinddrift zu den angrenzenden Zirkulationssystemen

Wechsel zwischen Tief- und Hochdruckgebieten bestimmt das Wettergeschehen der Mittelbreiten:

- Tief (im Tiefdrucktrog): kaltes Wetter ⇔ Hoch (im Hochdruckrücken): warmes Wetter
- abgespaltene Zyklone: großräumige Bewölkung und Niederschlag
  abgespaltene Antizyklone: persistent wolkenfreies Strahlungswetter
  ⇗ Kap. XI, 3.2

⇨ **maßgeblich für den Transport fühlbarer Wärme in den mittleren Breiten**

4.1.3 Wandernde Wellen

Wandernde Wellen (1.000 – 3.000 km Durchmesser) bilden sich in der **unteren Troposphäre** unter **Reibungseinfluss** als **Hochdruckgebiete** (Antizyklone) und **Tiefdruckgebiete** (außertropische Zyklone), die sich mit der westlichen Höhenströmung **ostwärts** verlagern.

Entstehung durch Konvergenzen und Divergenzen in der oberen Troposphäre:

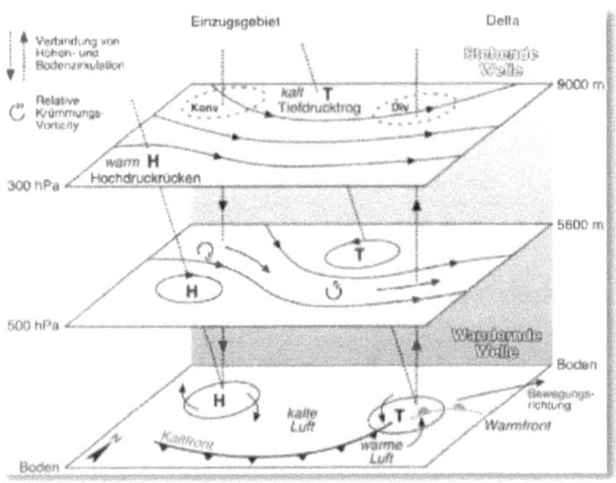

- polwärtige Konvergenz i.d. Höhe
  - Erhöhung des Bodenluftdrucks
  - **Boden: Hoch**; Massendivergenz wird kompensiert durch absteigende Luftbewegung

  ⇨ Verlagerung von Kaltluft südwärts
- polwärtige Divergenz i.d. Höhe
  - Senkung des Bodenluftdrucks
  - **Boden: Tief**; Massenkonvergenz führt zum Aufstieg von Luftpaketen, die das Massendefizit im Höhendruckfeld ausgleichen

  ⇨ Warmfront führt warme Luft nordwärts
  ⇨ Kaltfront führt kalte Luft südwärts

⇨ insb. bodennahe Tiefdruckgebiete sind sehr effektiv im meridionalen Austausch von fühlbarer und latenter Wärme, denn

- auf Vorderseite dringt kalte Luft südwärts vor
- auf Rückseite kann warme Luft in höhere Breiten vordringen

Wandernde Wellen bewegen Luftmassen unterschiedlicher Eigenschaften:

- **Advektion** (Aufgleiten von Luftmassen) an der **Warmfront**
  ⇨ Wolken- und Niederschlagsbildung; Freiwerden latenter Wärme
  ⇨ fördern den meridionalen Wärmetransport
- Absinken von kalter Luft unter warme Luftschichten an der **Kaltfront**
  ⇨ **Konvektion** und Labilisierung der Luftmassen
  ⇨ Wolken- und Niederschlagsbildung; Freiwerden latenter Wärme

4.1.4 Polare Ostwinde

- nördlich des außertropischen Westwinddrifts im Bereich der Pole:
  ständige Abkühlung der Erdoberfläche ⇨ Aufbau von Hochdruckzellen
- Ausströmen von kalten Winden aus den Hochdruckzellen in Richtung der mittleren Breiten
- im Bereich der Polarfront: Übergehen der Kaltluftvorstöße in wandernde Zyklone
  ⇨ polare Ostwinde sind auch Teil der außertropischen Zirkulation

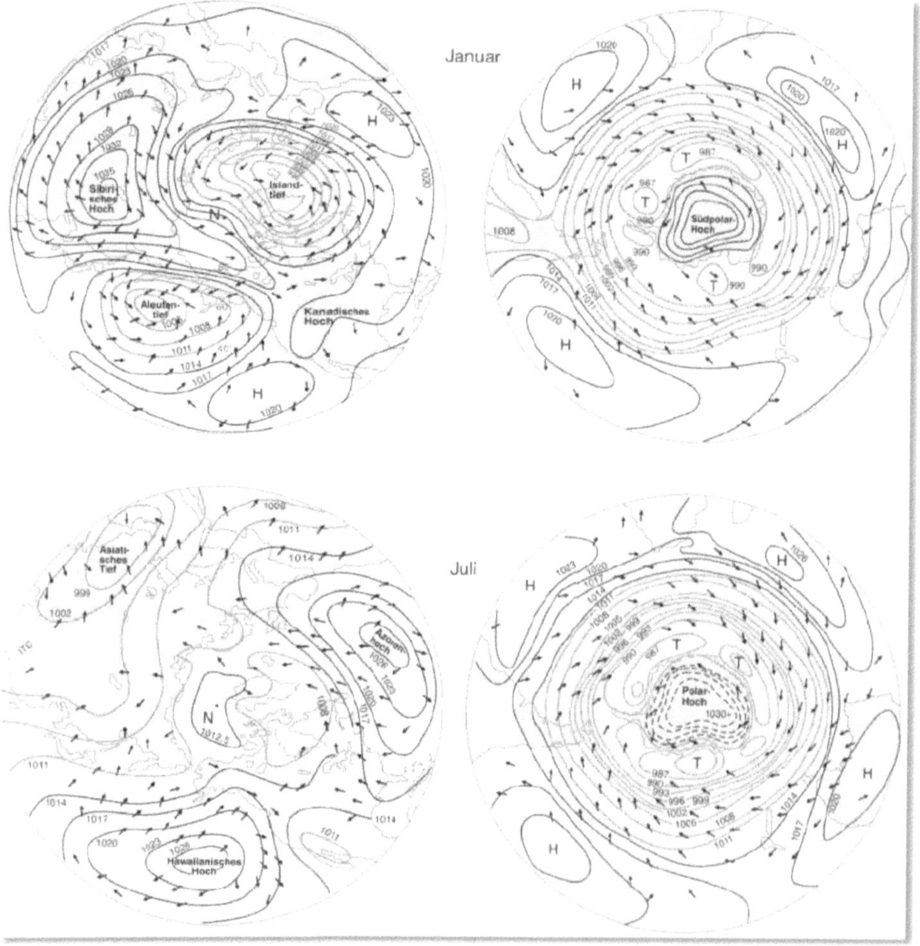

Winter der NHK:

⇨ **Hochdruckzellen** über den großen, kalten **Landmassen** (Sibirisches Hoch, Kanadisches Hoch)

⇨ **Tiefdruckzellen** über den **Ozeanen** (Islandtief, Aleutentief)

Sommer der NHK:

⇨ **Tiefdruckzellen** über den großen, erhitzten **Landmassen** (Asiatisches Tief)

⇨ **Hochdruckzellen** über den **Ozeanen** (Azorenhoch, Hawaiianisches Hoch)

4.2 *Tropische Passatzirkulation*

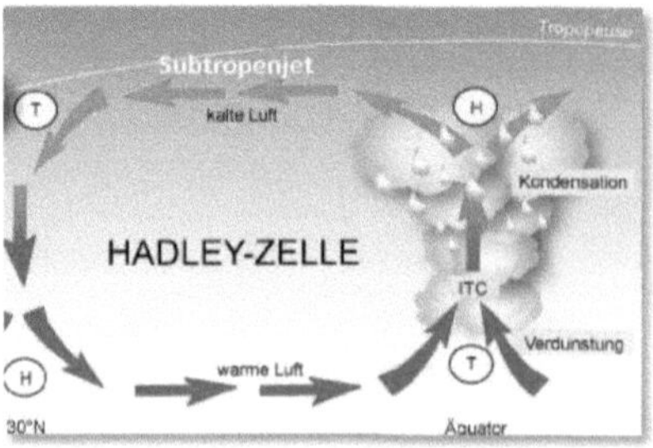

zwischen **35° Nord und 30° Süd: Hadley Zelle**

⇨ großräumige, vertikale Meridionalzirkulation

- aufsteigender Ast im Bereich der ITC
  ⇨ Kondensation und Wolkenbildung
- in der Höhe: polwärtige Strömung
- absteigender Ast im Bereich der Wendekreise
  ⇨ Erwärmung und Wolkenauflösung
  ⇨ Zone der Subtropenhochs
- am Boden: Konvektion der Passatströme im Bereich der ITC („nähren" den aufsteigenden Ast)
- mit zunehmender Entfernung vom Äquator: Einsetzen der Corioliskraft
  ⇨ Hadley-Zelle keine exakt längengradparallele Zirkulation, sondern leicht gekrümmte Zelle
  ⇨ Ablenkung der bodennahen Ströme nach Osten: NHK **NE-Passat**, SHK **SE-Passat**

Verlagerung der ITC im Jahresverlauf (bes. über Südamerika und Afrika!)

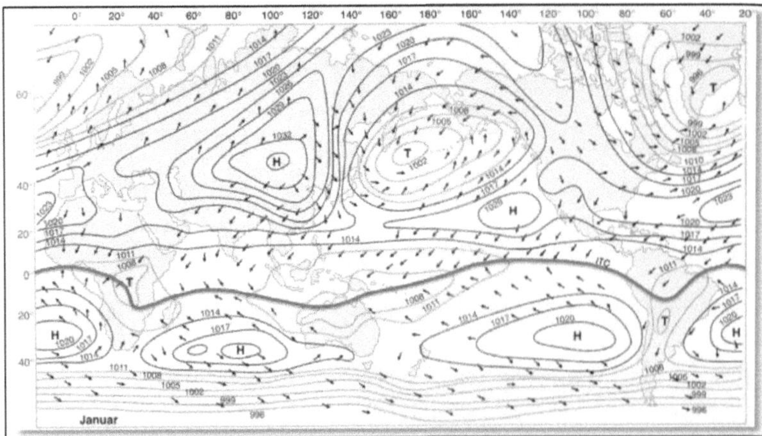	**Januar**: geringe Verlagerung der ITC nach Süden (v.a. über Afrika und Südamerika)
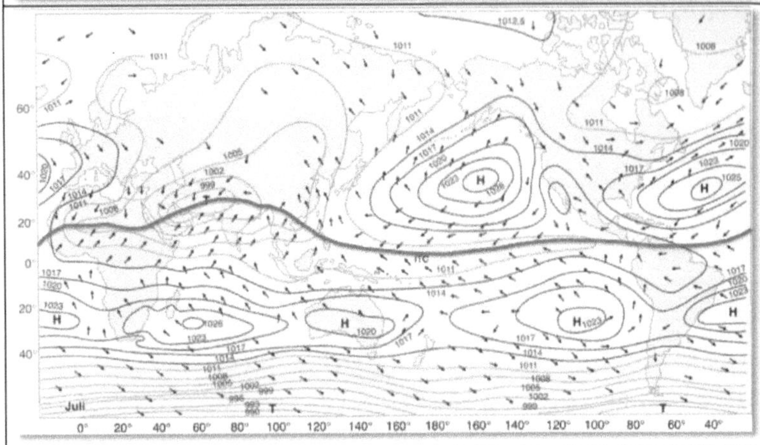	**Juli**: starke Verlagerung der ITC nach Norden (v.a. über Asien bis 30° n.Br., Afrika und Südamerika)

Der subtropische Hochdruckgürtel (ca. 30°)

- schließt sich an die Äquatorzone an
- auf NHK zwei Hochdruckzellen, auf SHK drei Zellen
- Winde wehen spiralförmig aus den Hochdruckzellen äquatorwärts (Passate)

4.3 Tropische Monsunzirkulation

Ausbildung starker **Hitzetiefs** in den **subtropischen** Breiten im Sommer:

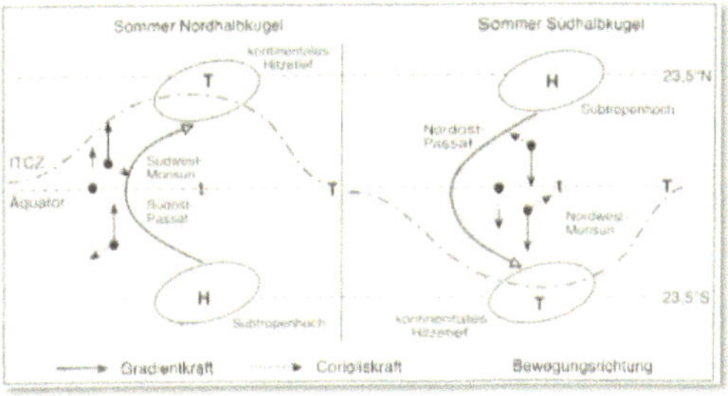

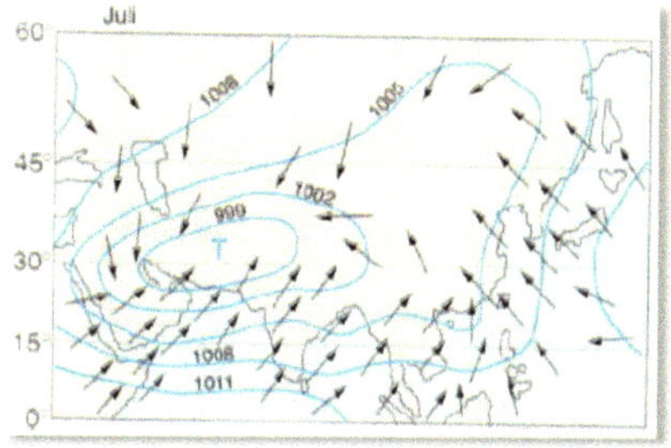

- erhöhte Druckgradienten zwischen dem **Subtropenhoch** der über dem **Meer** der jeweiligen Winterhalbkugel und dem gegenüberliegenden **Hitzetief** über **Land** der jeweiligen Sommerhalbkugel
- Folge: **Zirkulation über dem Äquator**
  - Nordsommer: SHK ⇨ NHK; Südsommer: NHK ⇨ SHK
  - rekrutiert sich aus der jeweiligen Passatzirkulation (NE-Passat im Nordsommer, SE-Passat im Südsommer)
- bei Überschreitung des Äquators: Wechsel des Drehsinns der **Corioliskraft**
  - SE-Passat der SHK ⇨ **SW-Monsun** (nordhemisphärischer Sommermonsun)
  - NE-Passat der NHK ⇨ **NW-Monsun** (südhemisphärischer Sommermonsun)
- **Verlagerung der ITC** bis zu den Hitzetiefs der jeweiligen Halbkugel (löst sich über den erhitzten Kontinenten sogar auf)
- Großteil der Monsunzirkulation über warmen, tropischen Meer
  ⇨ Aufnahme großer Mengen an Wasserdampf
  ⇨ Konvektion der Luftpakete in den Hitzetiefs ⇨ Aufstieg und Abkühlung ⇨ ergiebige Starkniederschläge (= **Monsunregen**)
- Monsun-Phänomen ist auf der Nordhalbkugel stärker und weiträumiger ausgeprägt wegen größerer Festlandsmassen:

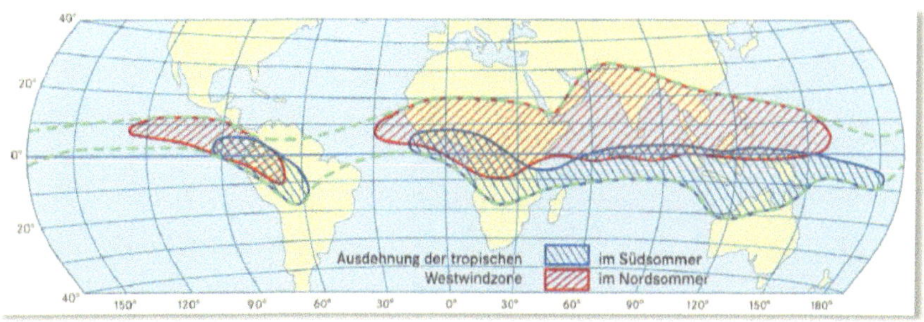

Quelle: Gebhardt et al. 2007

4.4 Walker-Zirkulation

- **Zonalzirkulation in der Äquatorialregion**:
  Corioliskraft nicht/kaum wirksam ⇨ Strömung folgt dem jeweiligen Druckgefälle
- Antrieb:
  - unterschiedliche Erwärmung von Land- und Wassermassen
  - unterschiedliche Wärmeverhältnisse der Oberflächen (z.B. Warm- und Kaltwasserbereiche der Ozeane)
- aufsteigende Äste an kontinentalen Heizflächen oder im Bereich großflächiger Warmwasservorkommen (z.B. indomalaisches Archipel)
- absteigende Äste im Bereich ozeanischer Kaltwasser

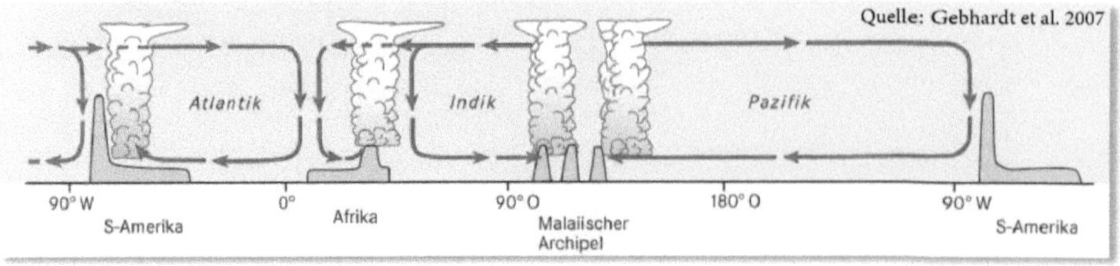

- am intensivsten in Bereichen mit hohen Druckgradienten und geringer Oberflächenrauhigkeit
  ⇨ am stärksten im Pazifik und Atlantik; über dem Festland kaum nachweisbar
- relativ statisches Phänomen
  aber: kann ihren Drehsinn umstellen, wenn Klimazonen durch Auftreten von atmosphärischen Anomalien leiht nach Süden verschoben sind (⇨ El Niño)

X. Meere und Meereszirkulation

1 Allgemeines

- Meere enthalten ca. 96% des Wassers der Erde ⇨ größte Wasserspeicher
- 71% der Erdoberfläche (361 Mio. km²) sind von Meeren bedeckt
- Land-/Meerverteilung auf der Erde ist ungleichmäßig: NHK hat höhere Landanteile

1.1 Salzgehalt

Salzgehalt ≈3,5%

⇨ Salzgehalt variiert räumlich und zeitlich u.a. durch

- hohe Einstrahlung und Verdunstung v.a. im Bereich der Wendekreise
  ⇨ hoher Salzgehalt
- Süßwassereintrag im Bereich von Mündungen großer Flüsse (z.B. Amazonas)
  ⇨ niedrigerer Salzgehalt

⇨ **höherer Salzgehalt** bedeutet **höhere Dichte**

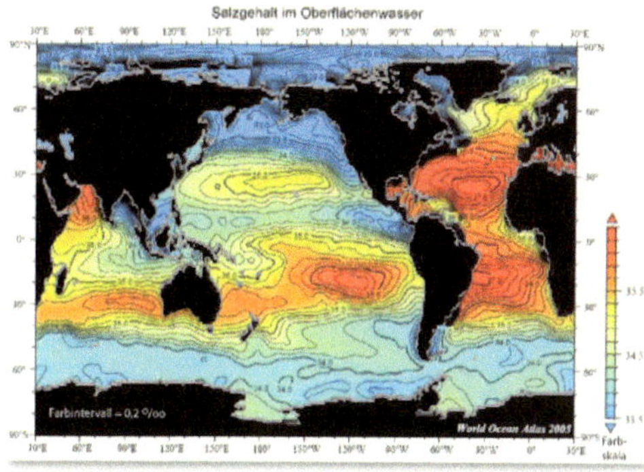

Quelle: http://bildungsserver.hamburg.de/contentblob/2181856/data/ozean-salzgehalt.jpg

1.2 Vertikale Schichtung

Euphotische Zone

- oberer, lichtdurchfluteter Bereich
  ⇨ Photosyntheseproduktion
- Wasser wärmer, spezifisch leichter
- Wind durchmischt Wasser
  ⇨ bis 500m Tiefe warme Schicht

Sprungschicht

(= vertikale Temperatursprungschicht)

Aphotische Zone

- tiefer, lichtloser Bereich
- Wasser kälter, spezifisch schwerer

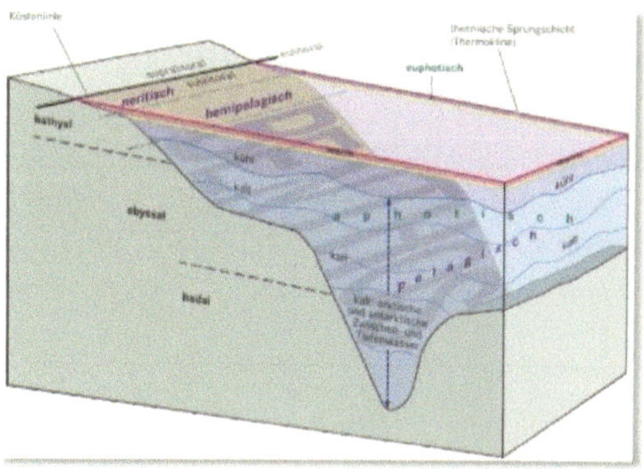

2 Meeresströmungen

werden angetrieben von

- Druckunterschiede
- Wind
- Corioliskraft
- Gradientkraft

2.1 *Oberflächenströmung*

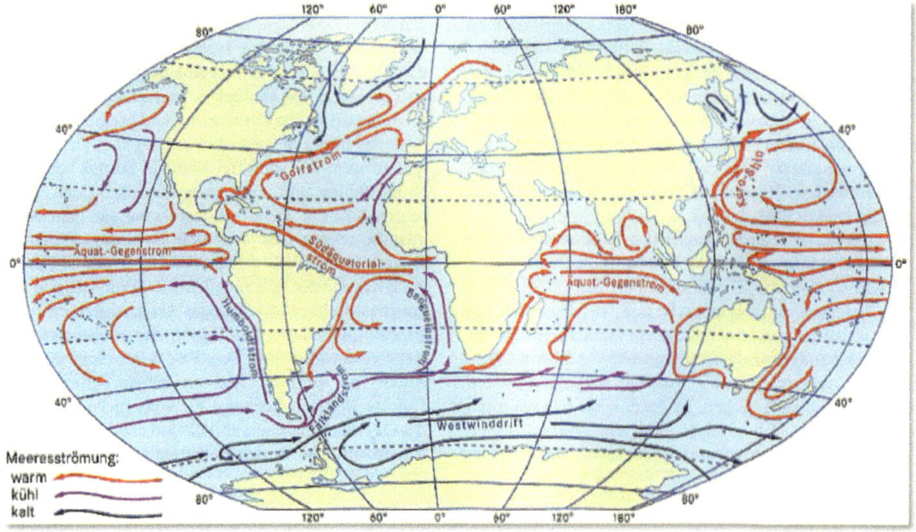

⇨ nahezu kreisförmige Umläufe der Strömung um die subtropischen Hochdruckzellen (ca. 30° n./s. Br.)

Westseiten der Kontinente

- ablandige Passate ⇨ Aufsteigen **kalten** Tiefenwassers (O_2- und nährstoffreich)
- Bsp.: Humboltstrom (Südamerika), Benguelastrom (Afrika), Kalifornienstrom

Ostseiten der Kontinente

- **warme** Strömungen
Bsp.: Golfstrom, Kuro-Shio
- Ausgreifen bis in hohe Breiten

2.2 Tiefenströmung und Thermohaline Zirkulation

- Tiefenströmungen bewegen Meerwasser in langsamen Kreisläufen entlang des Meeresbodens
- angetrieben von absinkendem Oberflächenwasser
- gekoppelt mit Oberflächenströmungen, die von den oberflächennahen Strömungen überlagert werden

Thermohaline Zirkulation

- Zirkulation von Oberflächen-, Zwischen- und Tiefenwasser in Abhängigkeit von **Temperator** ("thermo") und **Salzgehalt** ("halin") und damit Dichte

⇨ Ergebnis: **globaler Wärmeumsatz**

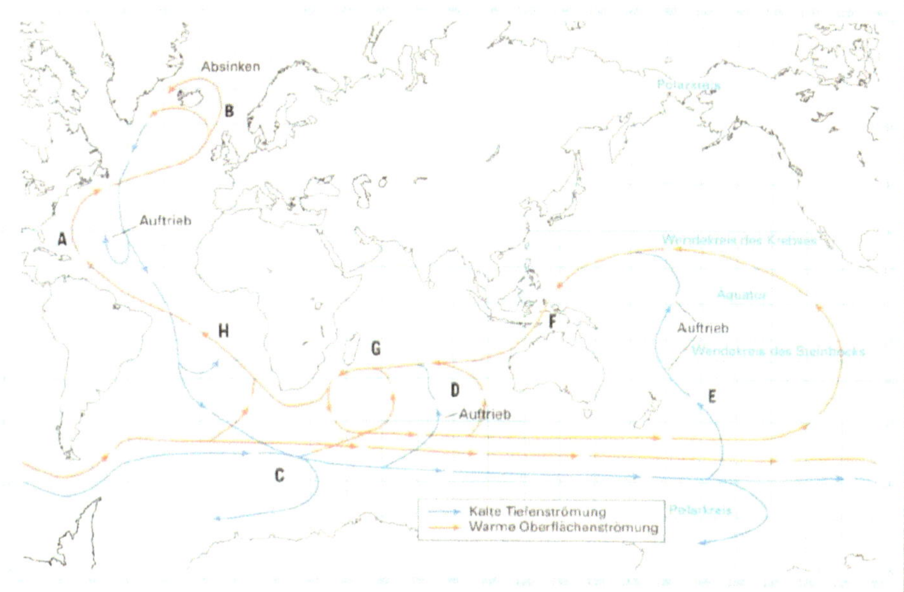

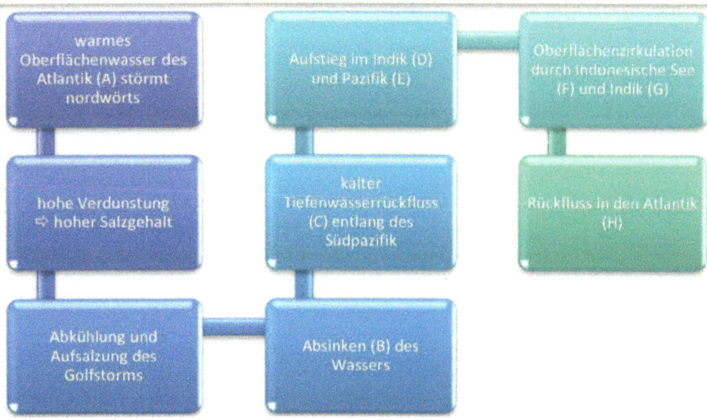

Bei der thermohalinen Zirkulation sinkt kaltes, salzreiches, dichtes Oberflächenwasser entlang der nördlichen Grenze des Atlantikes ab und erzeugt sehr langsame Tiefenströmungen, die wiederum einen langsamen Auftrieb in so weit entfernten Bereichen wie dem Indischen Ozean, dem Westpazifik und der antarktischen Küste bewirken.

Ein Tropfen Wasser braucht ca. **1000 Jahre** bis er den Wasserzyklus (Oberflächen- und Tiefenströmung) durchlaufen hat.

Beispiel: Mittelmeer

- negative Wasserbilanz (wegen hoher Verdunstung)
- Ausgleich über Wasserzufuhr vom Atlantik (Straße von Gibraltar):
  - je weiter man von dieser Wasserzufuhr entfernt ist, desto höher ist der Salzgehalt und desto schwerer ist das Wasser
  - Folge: schweres Wasser sinkt ab und verlässt das Mittelmeer über die Straße von Gibraltar
  - gleichzeitig kommt an der Oberfläche weniger salzhaltiges Wasser nach

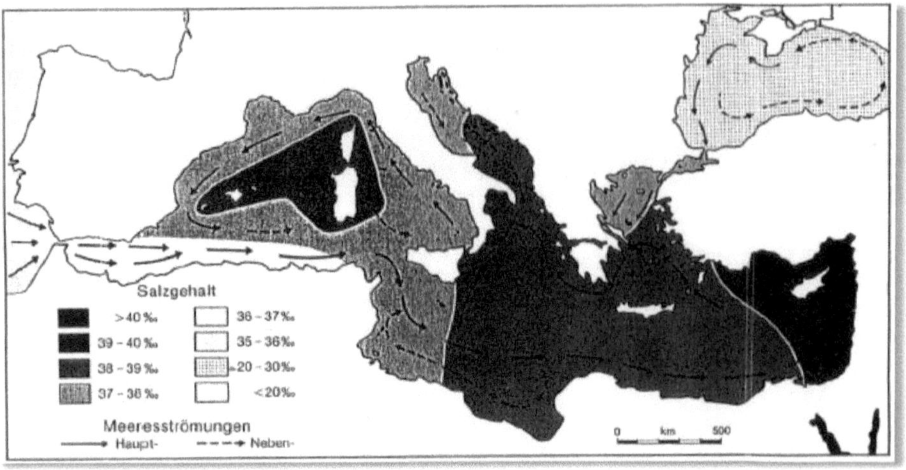

2.3 Exkurs: El Niño und La Niña

El Niño / Enso (El Nino Southern Oscillation)

- Auftreten ungewöhnlicher, nicht zyklischer, **veränderter Strömungen** im **Ozean** und der **Atmosphäre** im Abstand von 3 bis 8 Jahren

Normale Situation | El Nino

① Drucksysteme

Normale Situation:

- Tief über Nordaustralien, Indonesischem Archipel und Neuguinea
  ⇨ reichlicher Niederschlag

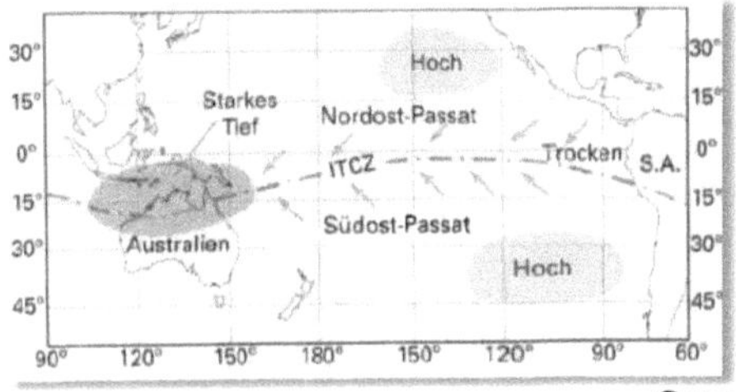

El Nino:

- Tief über Nordaustralien, Indonesichem Archipel und Neuguinea stark abgeschwächt
  ⇨ Trockenheit und Dürre

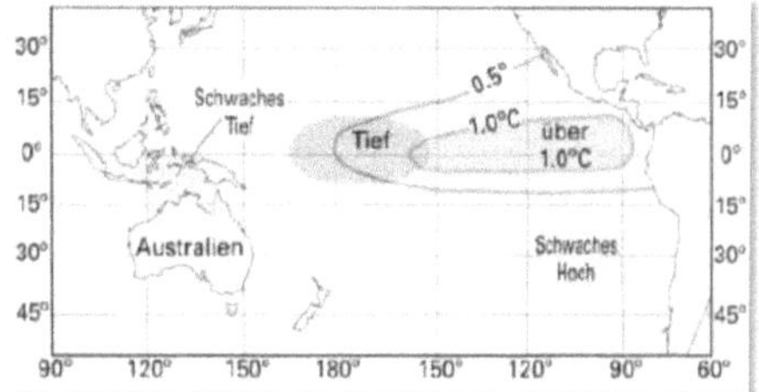

② Windsysteme

Normale Situation:

- starke **Passatwinde** wehen westwärts (von Südamerika nach Australien)
  ⇨ Wegführen v. warmen Oberflächenwasser
  ⇨ Aufstieg von kaltem Tiefenwasser
- „schieben" warmes Meerwasser Richtung Westpazifik ⇨ Aufstauen vor dem äquatorialen Tief

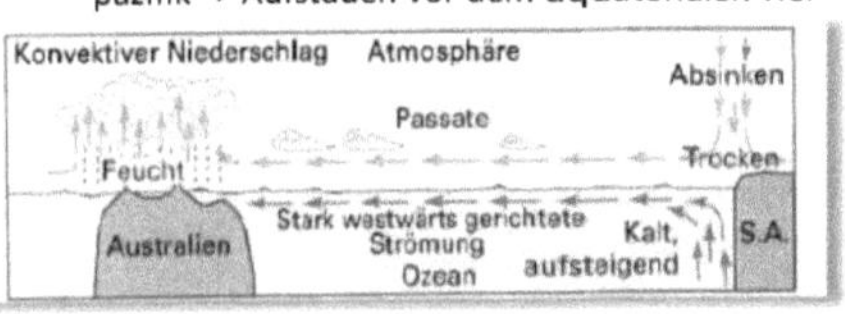

El Nino:

- Passatwinde setzen wegen der Luftdruckänderung aus
- gelegentlich Einsetzen eines schwachen Westwindes (= Änderung der normalen Windrichtung um 180°)
  ⇨ warmes Oberflächenwasser strömt ostwärts

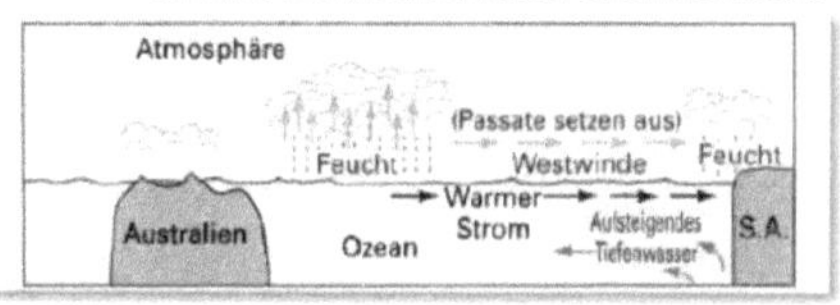

③ Meeresströmung und Meerestemperatur vor Südamerika

Normale Situation:

- Wegführen von warmem Oberflächenwasser durch die Passate nach Westen
- Aufstieg von kaltem, nährstoffreichen Tiefenwasser (Humboldt-Strom)
  ⇨ reiche Fischbestände

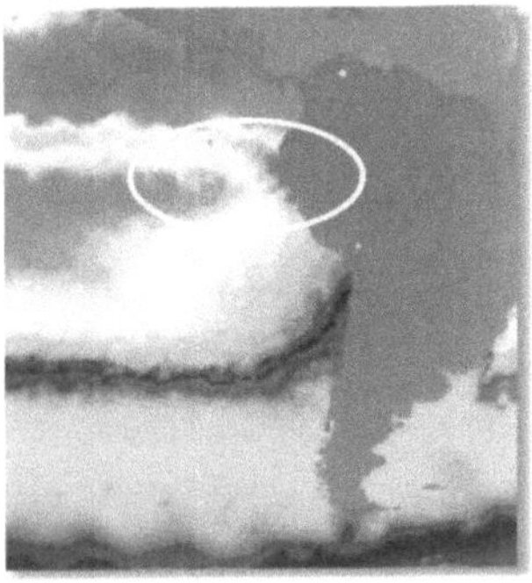

El Nino:

- Auftrieb von kaltem Tiefenwasser des Humboldt-Stroms wird gestoppt
- stattdessen: Heranführen von warmen, nährstoffarmen Wasser aus dem Westen
  ⇨marines Leben geht verloren

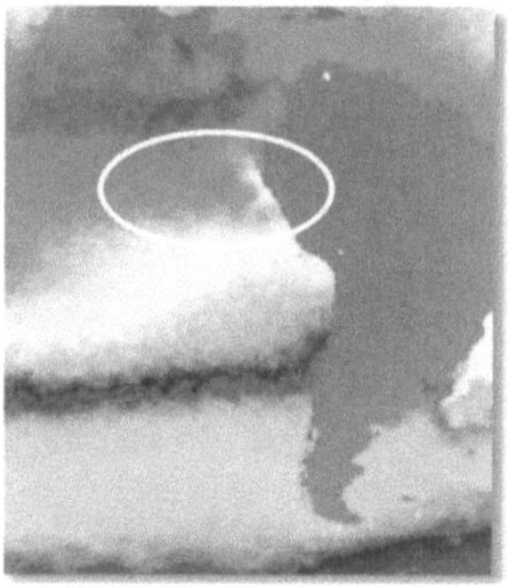

Weltweite Folgen: Wetterveränderungen

- Pazifikküste Südamerikas: sintflutartige Regenfälle
  ⇨ Schlammströme, Schuttlawinen, starke Überschwemmungen
- Australien, Indonesien: monatelange kein Regen
  ⇨ Waldbrände (z.B. in Borneo, Sumatra)
- Ostafrika: erhöhter Niederschlag (bis zu 100 cm mehr als üblich)
- Pazifikküste Nordamerikas: heftige Wirbelstürme
- milder Winter in den Rocky Mountains
- Eisstürme in Québec und dem Nordosten der USA

La Niña

- selteneres Phänomen, bei dem die gegensätzlichen Verhältnisse eines El Niños herrschen

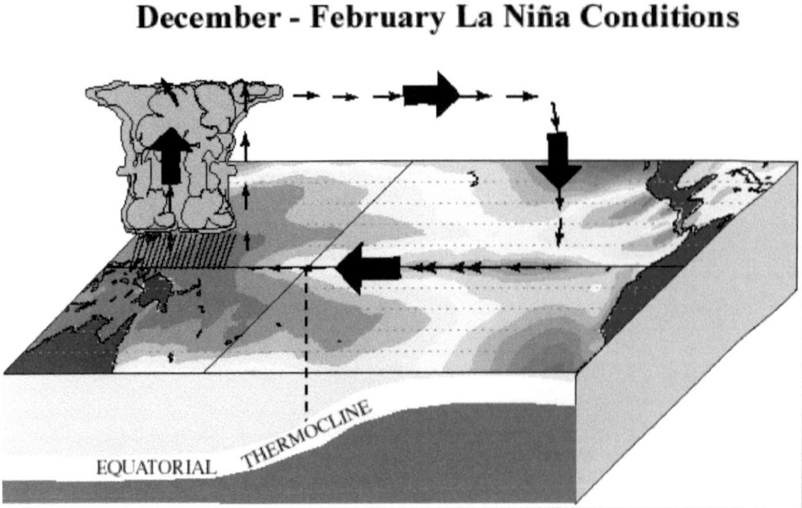

Quelle: https://www2.ucar.edu/sites/default/files/news/2011/enso.gif

- besonders starke Ausprägung des südpazifischen Subtropenhochs
- starke Südost-Passate
  ⇨ größere Menge an warmem Oberflächenwasser wird westwärts geschoben
- Verstärkung des Auftriebs von kaltem Tiefenwasser (Humboldt-Strom)
  ⇨ Temperaturminimum im zentralen und westlichen Pazifik

Weltweite Folgen:

- verstärkter Monsunregen in Indien
- erhöhte Niederschläge in Australien
- niedrigere Temperaturen im Nordwesten und Mittleren Westen der USA
- Dürre im Frühling und Sommer der Atlantikregion
- Hurrikans

3 Produktivität

- Phytoplankton (Algenarten) kurzlebig (viele Generationen pro Jahr, hoher *turnover*)
- Verteilung des Phytoplanktons in den Ozeanen:

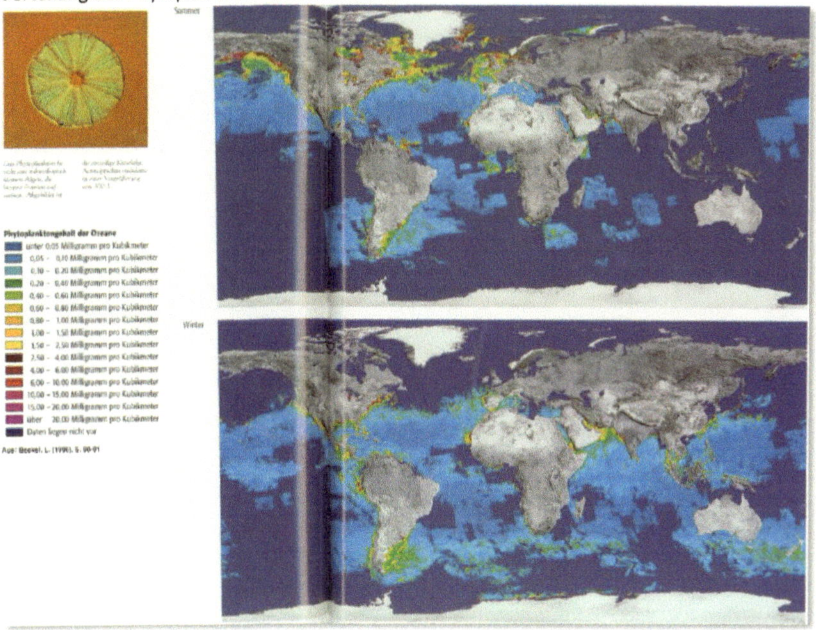

- **lichtabhängig**:
  bis in ca. 50 - 150m Tiefe ist Photosynthese und damit Großteil NPP (= **Nettoprimärproduktion**) möglich
- **nährstoffabhängig**:
  - im Bereich **kalter** Auftriebsströmungen Nährstofftransport in oberflächennahe, hochproduktive, durchlichtete Bereiche
  - auch in flacheren Meeresteilen erhöhte Produktion
- alle marinen Systeme gemeinsam NPP 55 Gigatonnen (152 g/m^2)
  alle terrestrischen Systeme NPP 115 Gigatonnen (773g/m^2)

Regulation des Kohlenstoffkreislaufs

- 0,1% der Erde bestehen aus Kohlenstoff

  ⇨ Kohlenstoff kommt dabei in allen Kompartimenten der Erde vor:

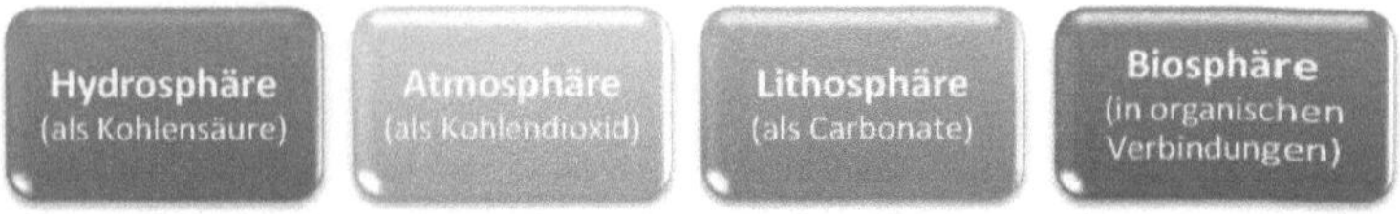

- größter Teil des CO_2 ist im Wasser der Weltmeere als Kohlensäure gelöst

  ⇨ löst Calcium-Ionen aus dem Boden und bildet Carbonat ($CaCO_3$)

Physikalischer Prozess:

- Löslichkeit von CO_2 abhängig von Druck und Temperatur:

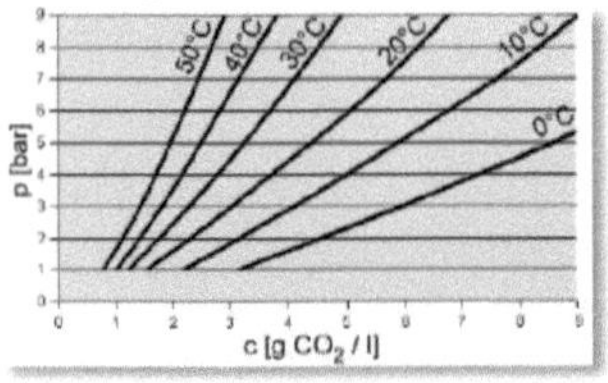

- Gelöstes CO_2 sinkt mit kaltem Wasser im Zuge der **thermohalinen Zirkulation** in die Tiefe

Biologischer Prozess:

- CO_2 bzw. Carbonate werden bei Produktion in Organismen eingebaut und sinken bei deren Absterben mit auf den Meeresgrund
- wenn dort kein Abbau erfolgt, lagert CO_2 dauerhaft

  ⇨ kalkreiche Sedimente

  ⇨ dauerhaft dem C-Kreislauf entzogen

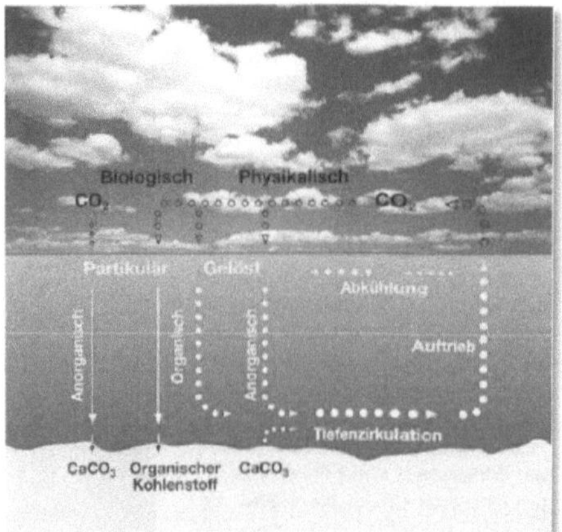

Fig. 3 Die zwei sogenannten „Kohlenstoffpumpen" im Ozean: die „Löslichkeitspumpe" und die „biologische Pumpe". Der Begriff „Löslichkeitspumpe" bezeichnet den Vertikaltransport von gelöstem CO_2 mit absinkendem Wasser aus der Deckschicht – ein rein physikalischer Vorgang, gekoppelt mit der Tiefenzirkulation des Ozeans. Der Begriff „biologische Pumpe" bezeichnet den Vertikaltransport von Kohlenstoff, der durch biologische Aktivität in der Deckschicht (Primärproduktion) in Kalkschalen und organische Substanzen eingebaut wurde und als Bestandteil von Sinkstoffen in die Tiefsee absinkt. Passiv mit Wasser absinkender, gelöster organischer Kohlenstoff wird auch dieser Pumpe zugeordnet.

zum Kohlenstoffkreislauf: ⇗ Kap. XI, 2

Ozeane als wichtigste **Kohlenstoff-Senken** (2,0 GT C/Jahr)!

enthalten 3 % des globalen Wassers

⇨ wichtigster Süßwasserspeicher und Habitat

Meer - Eisbedeckung:

- Antarktis:
  3,6 Millionen km² im Sommer
  18,4 Millionen km² im Winter
- Arktis
  7 Millionen km² im Sommer
  14 Millionen km² im Winter

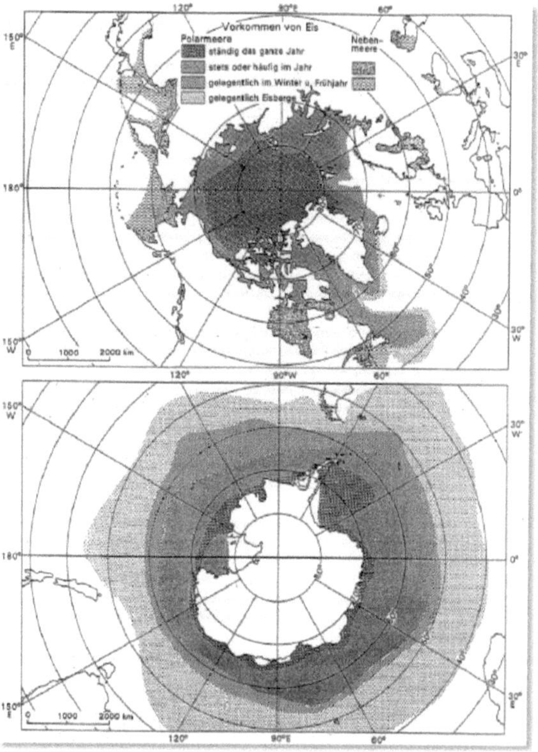

Bedeutung von Gletscher, Schnee und Eis als Wasserspeicher

- Gebirgsgletscher:
  Bedeutung für Wasserversorgung vor allem in (semi)ariden Vorländern;
  verzögerter Abfluss in Sommermonaten ⇨ Gebirge als „Wassertürme"
- Schneespeicher:
  neben Wasserspeicherung auch wichtige Funktion der Bodenisolation und Schutzfunktion für Flora und Fauna;
  überdauernde Schneedecken können in (semi)ariden Gebieten z.T. ganzjährige Versorgungsfunktion für Flora und Fauna übernehmen
- Meereis:
  Bedeutung für Salinität der Meere: Salzionen werden nicht in die Kristallgitter des Eises eingelagert ⇨ Sole sinkt ab oder bleibt in Eisporen und Solekanälen ⇨ Meereisbildung beeinflusst thermohaline Zirkulation;
  notwendiges Habitatelement der arktischen Fauna

Tab. 5. Quantitative Angaben zur Kryosphäre und Chionosphäre

Bereich		Fläche (10^6 km²)	Volumen (10^6 km³)	Meeresspiegel-äquivalent (in m)*
Landeis		14,44	32,44	81,2
Antarktis		12,2	29,32	73,3
Grönland		1,7	3,0	7,6
Gletscher		0,54	0,12	0,3
Permafrost (ohne Antarktis)				
beständig		7,6	0,03	0,08
maximal		17,3	0,07	0,18
Meereis				
arktisch	(Winter)	14,0	0,05	–
	(Sommer)	7,0	0,02	–
antarktisch	(Winter)	18,4	0,06	–
	(Sommer)	3,6	0,02	–
Schnee				
Nordhemisphäre	(Winter)	46,3	0,002	<<
	(Sommer)	3,7	<0,0001	<<
Südhemisphäre	(Winter)	0,85	<<	<<
	(Sommer)	0,07	<<	<<

* Anstieg des Meeresspiegels bei völligem Abschmelzen

XI. Biogeographische Prozesse

1 Teilgebiete der Ökologie

von. lat. „logos“ und griech. „oilos“: Lehre über den Haushalt der Erde

Ökologie

- Teilgebiet der Biologie
- beschäftigt sich mit den **Wechselwirkungen** der Organismen **untereinander** und mit ihrer biotischen und abiotischen **Umwelt** im Hinblick auf den **Stoff-, Energie- und Informationsfluss**

1.1 Autökologie

Autökologie

- befasst sich mit der **Anpassung** der Arten an ihre Umwelt

- Untersuchung von Faktoren wie z.B.
  - Nahrung
  - Salzgehalt
  - Druck
  - Licht
- auch Untersuchung der Kombination dieser Faktoren
  ⇨ Erkennen und Beschreiben der Anpassung einer Art an ihre Umwelt
- Lebewesen sind nur innerhalb eines bestimmten Toleranzbereichs lebensfähig
  ⇨ spezifische Anpassung einer Art wird mit dem Konzept der **ökologischen Nische** beschreiben

1.2 Populationsökologie

Populationsökologie

- befasst sich mit der **Zusammensetzung, Dynamik** und **Wechselwirkung** von (Mega-)**Populationen**

- Untersuchung von qualitativen und quantitativen Aspekten der Entwicklung von Organismen einer Art
- Berücksichtigung genetischer Aspekte

Inhalte:

- komplexe Alterszusammensetzung
- variable Geschlechterzusammensetzung
- Wechselwirkung im Rahmen von Konkurrenz
- Räuber-Beute-Beziehungen
- Parasit-Wirt-Beziehungen

1.3 Synökologie

Synökologie

- beschäftigt sich mit dem **Verhältnis von zwei oder meherer Arten** und ihrem **Verhältnis zur Umwelt**

⇨ Untersuchungen von

- Wechselwirkungen innerhalb der **Biozönose**
- Wechselwirkungen innerhalb des **Biotops**

} **Ökosystem**

Biozönose

- **Lebensgemeinschaft** von Organismen verschiedener Art in eiben abgegrenzten Lebensraum (Biotop)

⇨ teilweise bestehen so komplexe Zusammenhänge in der Synökologie, dass man sich auf bestimmte Teilaspekte reduzieren muss

Bsp.: Beschränkung auf Nahrungsbeziehung

- Arten werden nach Ernährungstypen zusammengefasst
- Informationen über Energiefluss im Nahrungsnetz

Produzenten | **Destruenten** | **Konsumenten**

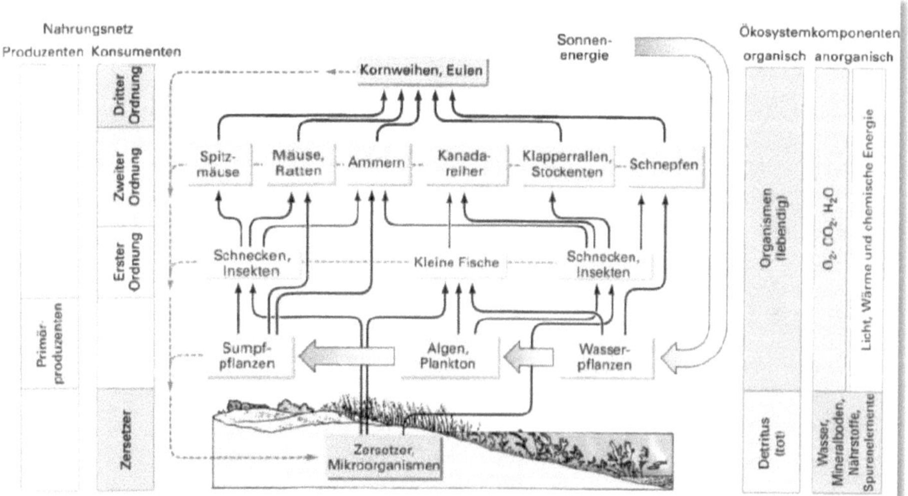

8.2 ***Energieflussdiagramm eines Salzmarsch-Ökosystems im Winter*** *Die Pfeile zeigen den Energiefluss von der Sonne zu den Produzenten, Konsumenten und Destruenten. (Nahrungskette nach R. L. Smith, Ecology and Field Biology, Harper and Row, New York.)*

Kohlenstoffkreislauf

- biogeochemischer Kreislau, in dem Kohlenstoff sich zwischen den Speicherpools der Atmosphäre, Hydrosphäre, Lithosphäre und Biosphäre bewegt

⇨ Kohlenstoff kommt dabei in allen Kompartimenten der Erde vor:

Hydrosphäre (als Kohlensäure) | **Atmosphäre** (als Kohlendioxid) | **Lithosphäre** (als Carbonate) | **Biosphäre** (in organischen Verbindungen)

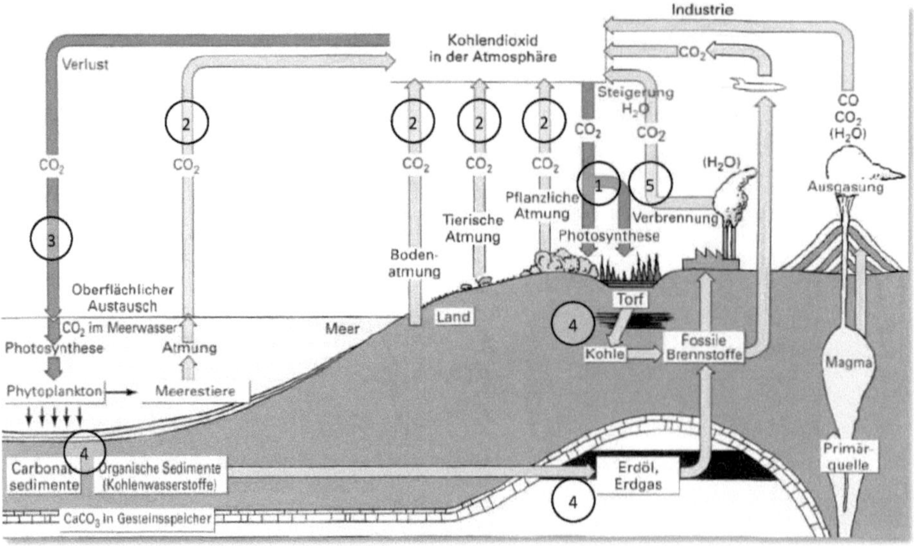

① CO_2 aus Atmosphäre wird von Pflanzen biochemisch durch Photosynthese fixiert

② Atmung der Tiere, Pflanzen und des Bodens: CO_2 wird frei

⇨ in geologischen Zeiträumen ist CO_2- & O_2-Gehalt der Atmosphäre nie ausgeglichen (hängt mit Temperatur, Vulkanausbrüchen, Strömungsverhältnissen zusammen)

③ CO_2 der Luft löst sich im Meerwasser:

- durch Photosynthese der Meerespflanzen
- als Carbonat-Ion

} Gaskreislauf (als CO_2)

④ organische Verbindungen und Carbonat-Verbindungen sedimentieren

⑤Mensch greift massiv ein:

- **Nutzung fossiler Brennstoffe**
  (Kohlenstoff, der über Millionen Jahre vom C-Kreislauf ausgeschlossen war, wird durch Verbrennung als CO_2 wieder frei)
- **Abholzung** von Wäldern und Freisetzung des in den Wäldern gebundenen Kohlenstoffs

Flüsse im globalen Kohlenstoffkreislauf im Zeitraum von 1989 bis 1989 in Gigatonnen (Gt)

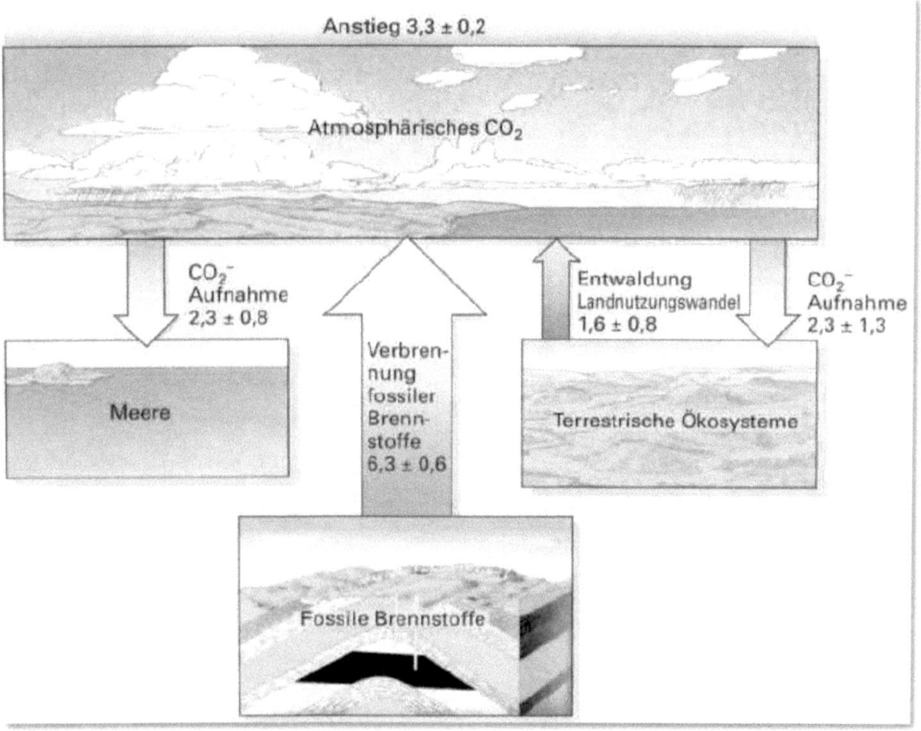

⇨ etwa die Hälfte des Kohlenstoffs aus der Verbrennung fossiler Brennstoffe verbleibt in der Atmosphäre

Die antropogene Zufuhr von CO_2 pro Jahr beträgt 3,3 Gt!

- um das durch Verbrennung frei werdende CO_2 zu binden, müsste die Biomasse zunehmen
- aber: anthropogener Einschlag von Waldfläche und Umwandlung in Acker- und Weideland
  ⇨ Freisetzung von ca. 1,6 Gt CO_2
- Strategie zur Erhöhung der CO_2-Fixierung: vermehrtes Anpflanzen von Bäumen

2.1 Zunahme des Kohlendioxidgehalts der Atmosphäre

- vor der Industrialisierung: CO_2-Kozentration der Atmosphäre konstant
- enormer Anstieg durch die Verbrennung fossiler Brennstoffe
  ⇨ Freisetzung von H_2O und CO_2

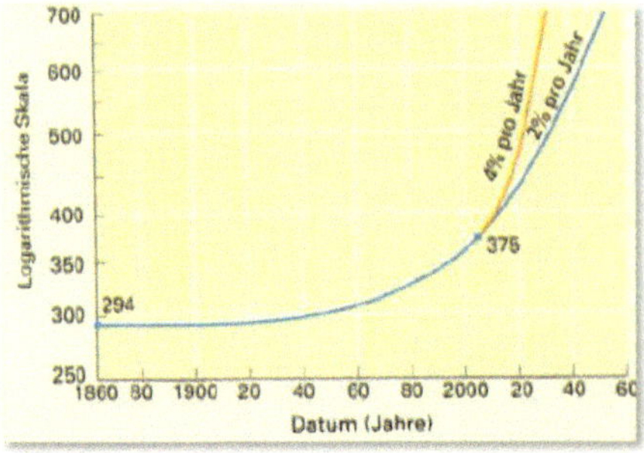

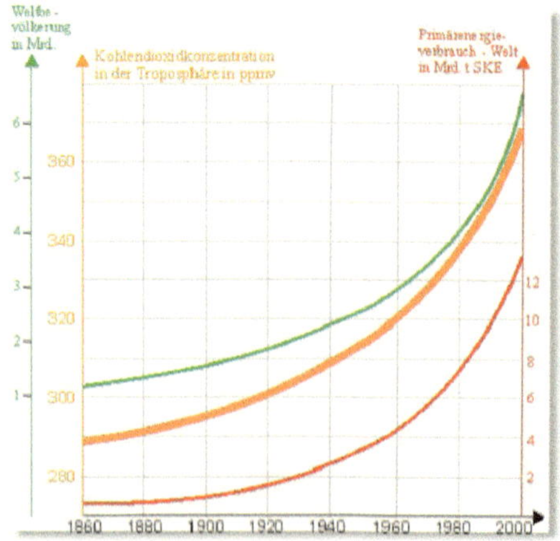

Bereiche und Anteil der Treibhausgase an der Gesamtemission

Energienutzung 50%	chem. Industrie 20%	Waldabholzung 15%	Landwirtschaft u.a. 15%

Geschichte des CO_2-Kreislaufs

- Beginn im Ozean
  (⇨ lebende Biomasse)
- Eiszeiten sind ausschlaggebend für die Schwankungen, aber in den letzten Jahren erreichen wir Werte, die es zuvor nie gab
- jetzige CO_2-Konzentration der Atmosphäre ist doppelt so hoch wie in der letzten Eiszeit

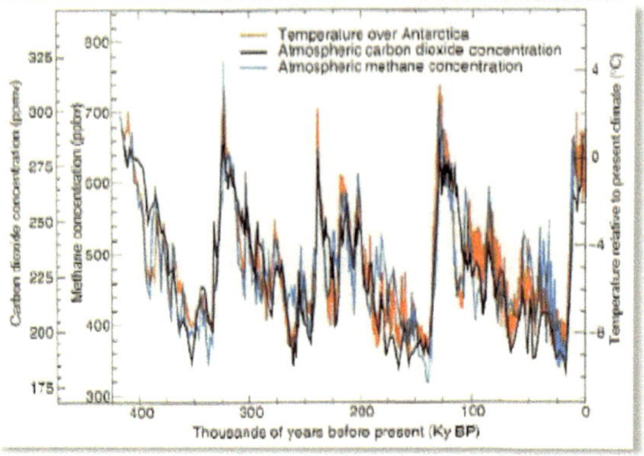

2.2 Folgen des zunehmenden CO2-Gehalts der Luft

- Zunahme atmosphärischer Gase (insb. CO_2 und H_2O)
- Zunahme des Treibhauseffekts ⇨ Anstieg der Temperaturen
  (über das normale Maß der Temperaturschwankungen hinausgehend!)

XII. Biosphäre und Ökosystembiologie

1 Erdgeschichtliche Entwicklung

1.1 Erdzeittafel

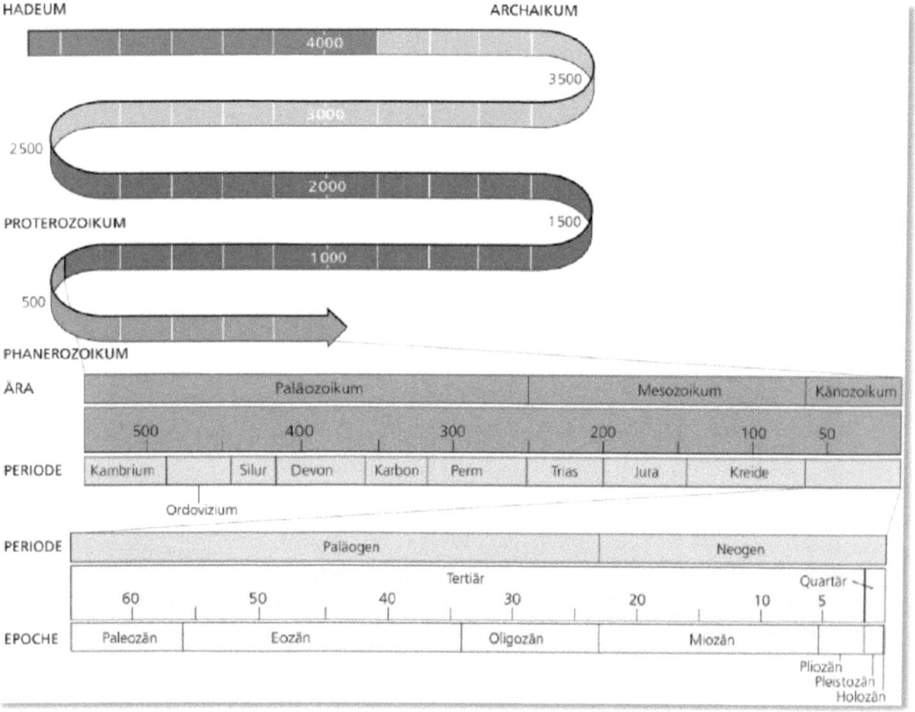

1.2 Kontinent-Drift

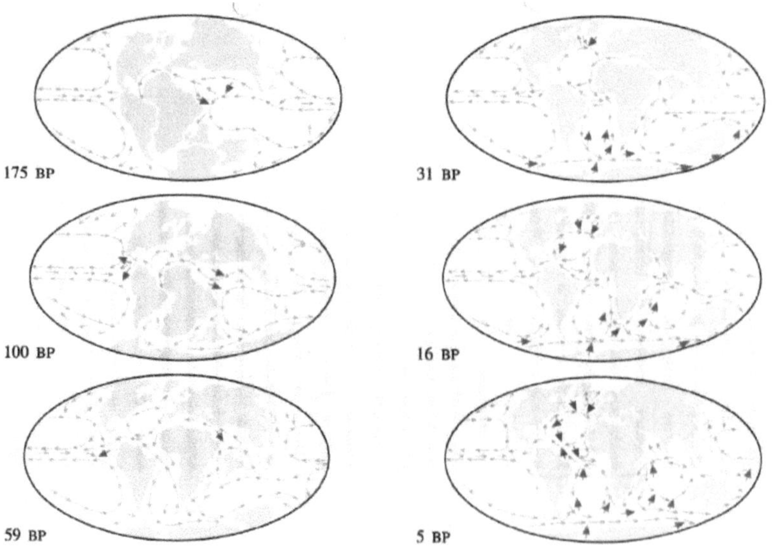

Figure 15.4 Reconstruction of the distribution of the continents and the main surface circulation (red arrows) of the oceans through the past 175 million years, following the fragmentation of the supercontinent Pangea (the blue arrows indicate where deep water forms). The distribution of old genera and families still retains the imprint of the ancient circulation patterns. Events like the interruption of circumequatorial and circumpolar circulation in the Southern Ocean have had a major impact on patterns of speciation and redistribution (modified from Parrish and Curtis[11]).

- im Laufe der Zeit enorme Veränderung:
  Kontinente sind auseinander gedriftet
- Bedeutung des Kontinent-Drifts für für die Ökologie:
  geographische Isolation (räumliche Trennung) von Populationen, z.B. durch Gebirge, Meere
  ⇨ Artenbildung mit unterschiedlicher Entwicklung
- Beginn: Jura-Zeit im Südkontinent
  ⇨ erster Ozean entsteht
  ⇨ Entwicklung der heutigen Pflanzen beginnt:
  - zuvor: koniferenartige Pflanzen
  - seit dem frühen Tertiär (ca. 100.000.000 Jahre): Blütenpflanzen
    ⇨ essbare Pflanzen stammen auch aus dieser Gruppe und sind alle miteinander verwandt

Bsp. Bedecktsamer (Agniospermen)

- im engeren Sinne Blütenpflanzen
- Unterscheidungskriterien: bedeckte Samen (Fruchtblatt um den Samen) und Blüte
- seit der Kreidezeit (110 Mio. Jahre)
- weltweit Pflanzengruppe mit den meisten Arten
- essbare Pflanze für den Menschen
  ⇨ Landwirtschaft von Bedecktsamern abhängig:
  - Süßgräser (Reis)
  - Hülsenfrüchte
  - Nachtschattengewächse

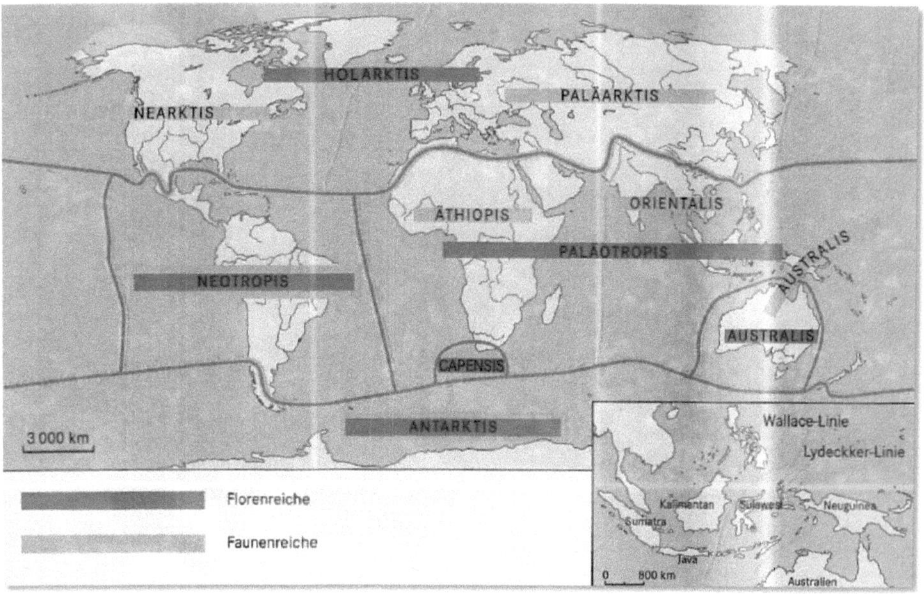

Florenreiche

- **Holarktis**
  Nordpol, Nordamerika, Europa, nörd. Asien
- **Neotropis**
  Mittel- und Südamerika
- **Paläotropis**
  südl. Asien, Afrika
- **Australis**
  Australien
- **Capensies**
  Südafrika
- **Antarktis**
  Südpol

Faunenreiche

- **Nearktis**
  Nordamerika und Grönland
- **Paläarktis**
  Europa, Nordasien bis Grönland
- **Neotropis**
  Mittel- und Südamerika
- **Australis**
  Australien östl. Südasien
- **Orientalis**
  Indien und westl. Südasien
- **Äthiopis (engl. African)**
  Afrika

Verwandtschaftsdiagramm der Faunenreiche

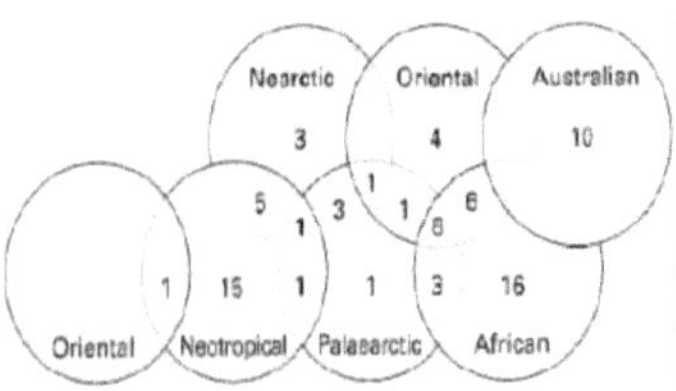

Fig. 7.2 Venn diagram showing the interrelationships of the families of terrestrial mammal of the six zoogeographic regions today, excluding the 11 'wandering' families.

Table 7.2 The degree of endemicity of the families of terrestrial mammal: number of endemic families × 100 ÷ total number of families.

Region	Endemicity
Australian	10 × 100 ÷ 11 = 91%
Neotropical	15 × 100 ÷ 32 = 47%
African	16 × 100 ÷ 44 = 36%
Holarctic	7 × 100 ÷ 37 = 19%
Nearctic	3 × 100 ÷ 23 = 13%
Oriental	4 × 100 ÷ 31 = 13%
Palaearctic	1 × 100 ÷ 30 = 3%

Bsp.: Steineibengewächse (Koniferenart, seit 250 Mio. Jahren)

- Verbreitung: tropische und subtropische Gebirgswälder überall auf der Südhalbkugel
- disjunktes Areal ⇨ Urkontinent Gondwana (Südkontinent)

Endemismus (Arten, die nur in einem best. Gebiet natürlich vorkommen)

- Madagaskar 70%
  ⇨ frühe Trennung vom Kontinent, war lange Zeit unberührt
- Australien 80%
  ⇨ lange Zeit abgeschottete Entwicklung
- Hawaii 80%
  ⇨ als Insel stark isoliert
- Deutschland 0,2%
  ⇨ in mitteleuropäische Entwicklung eingebunden

3 Biodiversität

Entstehung durch

- starke Selektion
- lange eigenständige Entwicklung
- hohes Angebot an ökologischen Nischen

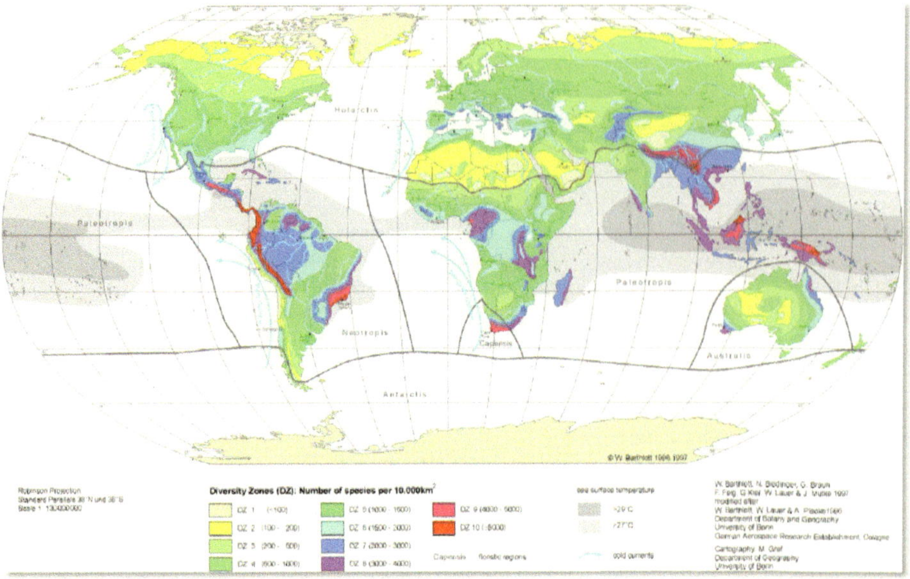

Quelle: http://www.spektrum.de/lexika/images/bio/fff905.jpg

Regionen mit hoher Artenvielfalt:

- Süd-Ost-Asien
- Südafrika
- Zentralafrika
- Madagaskar
- Nordwesten von Südamerika
- Mittelamerika
- Ostküste Südamerikas

⇨ überwiegend Tropen und Subtropen (= Regionen mit der höchsten **Gesamtproduktivität**)